总主编 林家阳

全国高等院校艺术设计专业
"十二五"规划教材

产品模型制作与材料

桂元龙 李楠 编著

中国轻工业出版社 | 全国百佳图书出版单位

图书在版编目（CIP）数据

产品模型制作与材料 / 桂元龙，李楠编著. —北京：中国轻工业出版社，2020. 12
ISBN 978-7-5019-9239-3

Ⅰ.① 产⋯ Ⅱ.① 桂⋯② 李⋯ Ⅲ.① 产品模型—制作—高等学校—教材 ②产品
模型—材料—高等学校—教材 Ⅳ.① TB476

中国版本图书馆CIP数据核字（2013）第199480号

责任编辑：毛旭林
策划编辑：李 颖 毛旭林 责任终审：张乃东 版式设计：上海市原创设计大师工作室
封面设计：刘 斌 责任校对：燕 杰 责任监印：张 可

出版发行：中国轻工业出版社（北京东长安街6号，邮编：100740）
印 刷：艺堂印刷(天津)有限公司
经 销：各地新华书店
版 次：2020年12月第1版第8次印刷
开 本：870×1140 1/16 印张：8.75
字 数：260千字
书 号：ISBN 978-7-5019-9239-3 定价：49.00元
邮购电话：010-65241695
发行电话：010-85119835 传真：85113293
网 址：http://www.chlip.com.cn
Email：club@chlip.com.cn
如发现图书残缺请与我社邮购联系调换
201469J1C108ZBW

序一
PROLOG 1

中国的艺术设计教育起步于 20 世纪 50 年代，改革开放以后，特别是 90 年代进入一个高速发展的阶段。由于学科历史短，基础弱，艺术设计的教学方法与课程体系受苏联美术教育模式与欧美国家 20 世纪初形成的课程模式影响，导致了专业划分过细，过于偏重技术性训练，在培养学生的综合能力、创新能力等方面表现出突出的问题。

随着经济和文化的大发展，社会对于艺术设计专业人才的需求量越来越大，市场对艺术设计人才教育质量的要求也越来越高。为了应对这种变化，教育部将"艺术设计"由原来的二级学科调整为"设计学"一级学科，既体现了对设计教育的重视，也体现了把设计教育和国家经济的发展密切联系在一起。因此教育部高等学校设计学类专业教学指导委员会也在这方面做了很多工作，其中重要的一项就是支持教材建设工作。此次由设计学类专业教指委副主任林家阳教授担纲的这套教材，在整合教学资源、结合人才培养方案，强调应用型教育教学模式、开展实践和创新教学，结合市场需求、创新人才培养模式等方面做了大量的研究和探索；从专业方向的全面性和重点性、课程对应的精准度和宽泛性、作者选择的代表性和引领性、体例构建的合理性和创新性、图文比例的统一性和多样性等各个层面都做了科学适度、详细周全的布置，可以说是近年来高等院校艺术设计专业教材建设的力作。

设计是一门实用艺术，检验设计教育的标准是培养出来的艺术设计专业人才是否既具备深厚的艺术造诣，实践能力，同时又有优秀的艺术创造力和想象力，这也正是本套教材出版的目的。我相信本套教材能对学生们奠定学科基础知识、确立专业发展方向、树立专业价值观念产生最深远的影响，帮助他们在以后的专业道路上走得更长远，为中国未来的设计教育和设计专业的发展注入正能量。

教育部高等学校设计学类专业教学指导委员会主任

中央美术学院　教授 / 博导　谭平

2013 年 8 月

序二
PROLOG 2

建设"美丽中国"、"美丽乡村"的内涵不仅仅是美丽的房子、美丽的道路、美丽的桥梁、美丽的花园，更为重要的内涵应该是贴近我们衣食住行的方方面面。好比看博物馆绝不只是看博物馆的房子和景观，而最为重要的应该是其展示的内容让人受益，因此"美丽中国"的重要内涵正是我们设计学领域所涉及的重要内容。

办好一所学校，培养有用的设计人才，造就出政府和人民满意的设计师取决于三方面的因素，其一是我们要有好的老师，有丰富经历的、有阅历的、理论和实践并举的、有责任心的老师。只有老师有用，才能培养有用的学生；其二是有一批好的学生，有崇高志向和远大理想，具有知识基础，更需要毅力和决心的学子；其三是连接两者纽带的，具有知识性和实践性的课程和教材。课程是学生获取知识能力的宝库，而教材既是课程教学的"魔杖"，也是理论和实践教学的"词典"。"魔杖"即通过得当的方法传授知识，让获得知识的学生产生无穷的智慧，使学生成为文化创意产业的使者。这就要求教材本身具有创新意识。本套教材包括设计理论、设计基础、视觉设计、产品设计、环境艺术、工艺美术、数字媒体和动画设计八个方面的 50 本系列教材，在坚持各自专业的基础上做了不同程度的探索和创新。我们也希望在有限的纸质媒体基础上做好知识的扩充和延伸，通过教材案例、欣赏、参考书目和网站资料等起到一部专业设计"词典"的作用。

为了打造本套教材一流的品质，我们还约请了国内外大师级的学者顾问团队、国内具有影响力的学术专家团队和国内具有代表性的各类院校领导和骨干教师组成的编委团队。他们中有很多人已经为本系列教材的诞生提出了很多具有建设性的意见，并给予了很多方面的指导。我相信以他们所具有的国际化教育视野以及他们对中国设计教育的责任感，这套教材将为培养中国未来的设计师，并为打造"美丽中国"奠定一个良好的基础。

教育部职业院校艺术设计类专业教学指导委员会主任

同济大学　教授 / 博导　林家阳

2013 年 6 月

前言
FOREWORD

模型作为一种设计语言和手段，在产品设计工作中发挥着非常重要的作用，从用于方案推敲的草模、到用于推广方案的展示模型、到进行设计认证的手板样机，产品设计的全过程处处都与模型相关。因此，产品模型制作是方案正式生产之前的关键环节，也是设计方案顺利实施的重要保障，是产品设计师的一门必修课。

设计师通过产品模型制作的过程不但能将设计内容具象化，以此表达设计概念、展现设计内容，更主要的是通过产品模型的制作过程可以提前检验、反馈和获取重要的设计指标，为设计方案的完善、后续生产以及市场验证提供了综合分析、研究与评价的实物参照。

本书详细介绍了模型制作的概念、历史沿革和原则。按照产品设计过程中模型的不同作用，将模型分为：草模、展示模型、手板样机三大类。依据模型制作的特点，进行模型分解和按形态特征灵活取材，再进行形体塑造的工作方法。基于实践中模型制作的运行情况，重点结合制作材料、工艺方法等内容对草模和展示模型的制作进行了详细的介绍。内容组织上遵循项目引导，任务驱动的思路，结合产品项目以任务分解的方式详细阐述模型的制作流程，目的在于方便课程组织和学生参照实操。引进大量优秀的展示模型制作实例，以及实际产品设计的手板样机，图文并茂，有助于提高学生对模型制作的理解，以及对最终效果的把握。

本书由国家级精品课程《产品设计》主讲教师桂元龙教授和高级工业设计师李楠共同编著，双师型教师桂元龙教授，有着二十多年的产品设计实践和十八年的工业设计教学经验，获得"中国工业设计十佳教育工作者"、"广东十大工业设计师"和"广东省十大青年设计师"称号，曾出版教材4本，负责了第一、三章节和第二章节的部分内容共9万余字的内容。双师型教师李楠老师有着7年的工业设计实践和教学工作经历，实践与教学经验丰富，负责了第二章节绝大部分内容10万多字的编著工作。

本书同市场上绝大部分同类教材相比较，在结构上特色鲜明，贯彻项目引导下的任务驱动设计思路，吻合职业教育的特点；分类清晰实用，依据草模、展示模型、手板样机的分类，结合项目展开进行任务分解，详实讲解各类模型的制作方法和技巧，各知识点紧密对应，实操性强。全书收录了500多幅模型制作过程和作品的彩色图片，参照实例精彩生动。

编者 2013 年 6 月于广州

课时安排

建议课时72

章 节	课 程 内 容	课	时
第一章 模型制作的 概念与原则 （6课时）	一、模型制作概述	2	6
	二、模型制作的沿革与发展	2	
	三、模型制作原则	2	
第二章 模型制作实训 （62课时）	一、项目一　草模制作		26
	1. 训练要求	0.5	
	2. 知识点	8	
	3. 实战程序	17.5	
	二、项目二　展示模型制作		28
	1. 训练要求	0.5	
	2. 知识点	8	
	3. 实战程序	19.5	
	三、项目三　手板样机制作		8
	1. 训练要求	0.5	
	2. 知识点	1.5	
	3. 参观	6	
第三章 模型欣赏 （4课时）	一、展示模型欣赏	2	4
	二、手板样机欣赏	2	

目录
contents

第一章
模型制作的概念与原则

模型制作是工业设计专业学生必修的一门理论实践一体化课程，课程注重学生的理论知识培养以及实际动手能力形成。本章系统介绍模型制作的相关背景理论知识，以帮助学生了解模型制作的相关概念、意义，简述了模型制作的发展历程，明确模型制作的原则，为后续开展模型制作实践铺垫良好的理论基础。

第一节　模型制作概述

本节主要论述与模型相关的概念，重点阐述产品设计专业领域内模型制作的概念与模型制作的作用，并依据不同要求将模型分类，并分别阐述相关概念。

1. 模型制作的概念

1）模型的广义概念

模型是人们为了某种特定目的而对认识的对象所做的一种简化的概括性描述。模型一般可指所研究的系统、过程、事物或概念的一种表达形式；也可指用于生产或铸造机器零件等用的模子或模具，又指用于展览、纪念或其他用途根据实物、图样放大或缩小而制作的藏品、玩具、纪念品、样品等。

模型作为特定研究领域的一种概括性描述，因其所处的领域不同而具有截然不同的实质内涵。在经济领域，在通过一系列的关于购物的"用户模型"研究之后，阿里巴巴等电子商务企业通过网络这一平台实现了消费者足不出户就可以实现商品送到家的愿望，而这些电子商务公司的成功正是依赖于对于某种"用户模型"深入的研究与分析所得来的，这里的"用户模型"其实应当是一部分对于传统的、实体化店铺购物体验有不同需求的潜在的消费者。而在自然科学领域，每一个具体科目的模型例如物理研究中的原子核式结构模型、生命科学研究中的DNA基因模型都意味着科研人员耗费了多年心血所累积得来的科研成果。在工业化生产过程中，为了批量化生产规格统一、品质精良的产品，企业会通过制造一定的模子、模具，再以机器辅助浇铸、注塑等生产手段来制作产品，这一过程中所用的模子、模具也往往被称之为模型，这一层含义的模型，为我们物质生活的精良和丰富提供了可靠的保证。

而对于普通民众而言，我们最为熟知的模型，一是意味着某个建筑或有特别含义的某件事物的缩小版纪念品或藏品，如图1-1奥运会特许商品——"鸟巢"金属模型，或是近年来越来越得到大家喜爱与关注的航模，如图1-2某学校航模表演赛上的参赛航模；还有经常在商业楼盘销售时看到的沙盘等用于展示和说明的模型。这里的模型概念与大众日常生活联系紧密，为我们喜闻乐见。

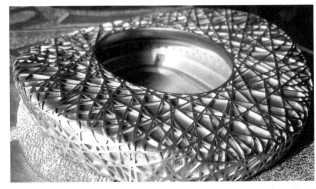

图1-1　奥运会特许商品"鸟巢"金属模型

图1-2　某学校航模表演赛上的参赛航模

以上都是广义的模型的概念。这些"模型"为我们熟知或陌生，存在于社会的特定领域，却往往与我们的生活直接或间接地联系在一起。

2）艺术设计中模型的概念

正如前面所讲模型在不同的专业领域里内涵不同，本书着重于艺术设计领域内的模型制作相关知识和实践程序。

艺术设计作为一门独立的学科，相较于其他学科，其研究内容与服务对象有其独特之处。艺术设计的目的是为了让人生活得更好，它的研究内容超越了物质层面的舒适，而更加追求情感的愉悦以及人与自然、社会的和谐共处，是现代化社会发展进程中的必然产物。所谓艺术设计，就是将艺术的形式、美感结合社会、文化、经济、市场、科技等诸多方面因素，再现于和我们生活紧密相关的设计当中，使之不但具有审美功能，还具有使用功能，而模型在如何更好地将艺术设计实施于生活这一目标中意义重大。

悉尼歌剧院（如图 1-3）是 20 世纪最具特色的建筑之一，其设计到落成共花费了 24 年的时间。丹麦设计师约恩·乌松从剥去了一半皮的橙子受到启发画了悉尼歌剧院的设计图（如图 1-4），被选中后其制作了木制模型（如图 1-5），模型和悉尼歌剧院的最终造型有不小的差别，它采用的是更为奔放的抛物线屋顶，这个设计因为建造难度过大在后来的建造过程中被不断改造，设计队伍以模型的方式（如图 1-6 至图 1-8）反复尝试了 12 种不同的方法建造"壳"（即屋顶），最终抛物线式的屋顶被修改为球面结构，这一方法可以使用一个通用的模具浇注出不同长度的圆拱，然后将若干有着相似长度的圆拱段放在一起形成一个球形的剖面。设计师最终选用瓷砖作为材料，目的是想让悉尼歌剧院在港湾的衬托下看起来像是天空中的白云，而现在更多人认为其形态像是海上的"帆"，2007 年这一建筑被联合国教科文组织评为世界文化遗产。

图 1-3　悉尼歌剧院 / Rparte 拍摄

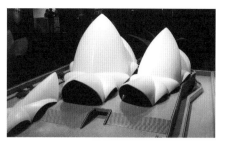

图 1-4 悉尼歌剧院设计草图 / 约恩·乌松　　　　　　　　图 1-5 悉尼歌剧院设计模型
约恩·乌松

图 1-6 悉尼歌剧院模型制作过程　　　图 1-7 悉尼歌剧院模型制作过程　　　图 1-8 悉尼歌剧院模型制作过程

艺术设计模型是设计师为了将最适合的设计理念、用户体验等设计意图对某种特定目的产品进行设计推敲、与用户交流、验证设计效果的重要手段。产品设计中的模型往往需要借助一定的实物进行操作和实验并反复论证，所以产品设计中的模型制作有区别于其他领域的显著特点。本教材后面讲述的模型主要围绕产品设计专业课程中的模型制作进行分析和讲解。

从古到今，我们看到了无数的设计先驱通过模型制作这一手段一次又一次地将我们的生活优化了再优化，完善了再完善，力图使设计的一切要素都更加和谐、设计的最终效果更加圆满。

2. 模型制作的作用

设计是一个创造性的思维过程，也是一个虚拟的、无法完全客观呈现的一个过程。而设计的特征之一就是为人服务，如果不能很好地客观呈现或者评估，就不能为人提供可靠的服务。随着技术的进步，我们已经可以通过计算机绘制三维效果图，但无论是手绘的产品效果图，还是用计算机绘制的效果图，都不可能全面反映出产品的真实面貌。因为它们都是以二维的平面形式来反映三维的立体内容，而模型刚好可以通过其三维的、实在的物理性帮助呈现设计的特征。模型作为一种基本的设计语言，是设计师表达创作理念、意图的手段，也是设计师推敲设计细节、完善设计方案在尺度、结构合理性以及综合效果方面进行有效验证的方式，在设计方案的评审与推广环节，模型常作为一种直观、有效甚至是必要的形式而存在，是新产品开发过程中不可缺少的环节。

在设计的过程中，模型制作提供给设计师想象、创作的空间，具真实的色彩与可度量的尺度、立体的形态表现。与设计过程中二维平面对形态的描绘相比，能够提供更精确、更直观的感受。是设计过程中对方案进行检讨、推敲、评估的行之有效的方法。

正是模型制作提供了一种实体的设计语言，这种表达方法，使消费者或设计的委托方能与设计师产生共鸣，所以模型制作也是设计师与消费者或者委托方沟通设计、验证设计意图的有效途径。

模型制作作为产品设计过程的一个重要环节，使整个产品开发设计程序的各阶段能有机地联系在一起。

模型在产品设计中的作用归纳起来表现在以下三个方面。

1）设计探索与实验、完善设计细节

设计是一个创造性的不断思考、修改的过程，而产品模型制作是这一实践过程的重要环节，经过设计师设计构思的产品概念需要以有形的形态表现出来。表现一个完整的产品形态需要对其形状、尺度、结构、色彩、材料使用以及生产加工等问题进行综合分析与研究。

学习产品设计的人如果只注重图形的优美、形态的流畅而不关注产品的实际比例尺寸、人机关系等，是很难设计出一件优秀的作品的。"Pelt"餐椅（如图1-9至图1-12）是英国设计师Benjamin Hubert为葡萄牙品牌De La Espada所设计。设计师经过草图（如图1-13）思考之后确定了设计的整体效果：椅背和座面由一体式的板材支撑，流畅的曲线从上延伸到前后椅腿，椅子可以叠放。为了确定适合的椅背转折角度，以及方便叠放的产品尺度，设计师通过瓦楞纸做了细致的角度计算与模型效果尝试（如图1-13至图1-18），最终得到了简洁优雅的一体化造型。

图1-9至图1-12　"Pelt"餐椅 / Benjamin Hubert / 英国

图1-13　"Pelt"餐椅草图 / Benjamin Hubert / 英国

图1-14、图1-15　"Pelt"餐椅模型制作 / Benjamin Hubert / 英国

图 1-16 至图 1-18 "Pelt"餐椅模型制作 / Benjamin Hubert / 英国

经常会看到这样的案例，一个设计初学者设计了一款保温水壶，从效果图看效果非常好，水壶显得小巧、精致。可是当按照设计效果图来制作模型时，会发现问题非常多，最主要的就是水壶的把手非常小，按照效果图的效果普通成年人的手是非常不方便抓握的，如果不进行修改，把手部分将直接影响这款水壶的使用。只有通过对模型的不断调整与尝试，确定合理的尺寸关系才能设计出既符合人机工程学又有形态美感的产品。（需要说明）Frank O. Gehry1992 年为 Aleesi 设计的 Pito 水壶，通过寥寥数笔的草图（如图 1-19）来捕捉设计灵感，再通过制作模型来寻找设计的尺度关系（如图 1-20），并通过推敲最终完成了真正的水壶产品的形态与材质等细节（如图 1-21）。

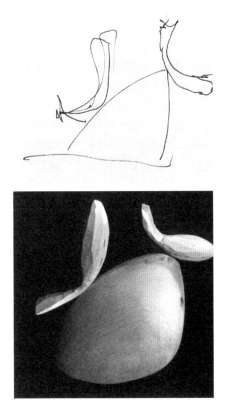

图 1-19 至图 1-21 "Pito kettle" / Officina Alessi / 意大利

这个例子说明，虚拟的图形、平面的图形与真实的立体实物之间的差别是很大的。形成这些差别的原因是人们从平面到立体之间的错觉造成的。另外，计算机虚拟的效果图或二维平面的视图中，对产品的色彩和质感方面的表达也具有相当的局限性。通过模型制作能弥补上述的不足。模型能真实地再现出设计师的设计构想，因此模型制作是产品设计过程中对设计细节完善、对设计效果改进的一个十分重要的阶段。

通过模型制作来进行设计与实验尝试也经常为设计师所用。

图 1-22 至图 1-27　"Lampe Like Paper" 混凝土灯 模型制作过程与效果 / Aust & Amelung 工作室 / 德国

德国设计工作室 Aust & Amelung 设计的这款黏土灯（如图 1-22）正是由于在模型制作的过程中以手来捏制纸卷（如图 1-23、图 1-24）的感受而来，捏制的效果在模型制作的过程中会带有一定的偶然性和实验性，通过不断的实验与尝试，这一感受最终以黏土和模板的工艺来表达纸的效果（如图 1-25 至图 1-27）。

Anton Alvarez 工作室希望用一个外层，而不是通常耗时的焊接，来组合不同材料。同时，外观会呈现出不同色彩的线状肌理。在制作的过程中，设计师通过绕线机器用线等材料组合家具组件（如图 1-28 至图 1-31），

图 1-28 至图 1-31　使用绕线机器制作家具过程 / Anton Alvarez 工作室 / 英国

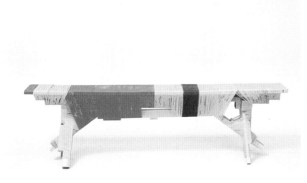

图 1-32 至图 1-36　使用绕线机器制作的家具效果 / Anton Alvarez 工作室 / 英国

不需要螺钉和胶水，仅仅只用包裹就可将木材，钢材，石材，塑料合并。在这一过程中，模型既是一件用来展示效果的工具，又是别有风格的一件艺术设计品（如图 1-32 至图 1-36），因为在制作的过程中设计师加入了很多偶然与随性的创造性因素而非机械的批量化的工业生产模式。

设计师可以将产品模型作为一种综合表现设计内容的载体进行设计探索与实验研究，产品模型能给予设计师非常强烈与直观的设计感受，通过模型制作过程可不断激发设计师的设计联想，通过对新学科知识、新技术、新材料的设计应用实现再创造的设计过程，在制作与表现过程中借助产品模型对设计内容进行反复推敲与调整，找出设计中存在的缺点与不足，不断补充和完善设计。

2）设计效果展示、交流

设计展示、交流主要是为了对设计委托方表达设计意图、设计效果，在此基础上与委托方就设计效果进行沟通与交，方便设计委托方提出意见与建议。一般在此阶段采用的是外观非常接近实际设计效果的仿真模型，但是往往内部没有功能部件，甚至是空心的。这是因为委托设计方通常没有经过专业的设计训练，不善于将某些效果图或者表现简略的草模想象成真实的产品效果，因此采用仿真模型来进行设计沟通与探讨，这一类模型也经常被称为展示模型。

在多数情况下展示模型以 1：1 的比例、接近实物效果的方式呈现，以便形象地表现产品设计意图，并初步了解其外观设计的基本结构关系与人机工程学关系。但是一些大的建筑类别的模型也往往会以适当的缩小比例呈现，方便观摩与评价。

产品展示模型还通过与设计高度一致的材料、颜色、质感等手段具体、真实地反映产品的客观要素，使得设计的意图与内容较为真实地呈现与展示，而借由这一工具，设计的效果被传达，同时关于设计的效果与意见更容易得到反馈与共鸣。设计师可以根据展示过程中得到的意见与评论利用模型对产品的造型形态、表面色彩、材质、肌理等外部特征进行悉心设计与反复调整，直至与委托方达成共识。

"Neighbirds Houses" 是一款模块化的鸟巢（如图 1-37 至图 1-42），可以自由组合，安装十分简单，打结悬挂在钩子上或支撑上。鸟巢门口有一供小鸟站立的细小自然木杈，模型展示出鸟儿站在上面的效果，表现出了这个鸟巢设计的动人之处：鸟儿站在此处，使得人有机会近距离接触小鸟，了解自然，观察野生动物。产品模型制作是综合表达设计内容的有效方法，是与委托方或是相关人员沟通、交流的重要工具。现代产品设计中借助产品模型模拟展示设计内容，已经成为一种行之有效的设计表现与沟通方法。

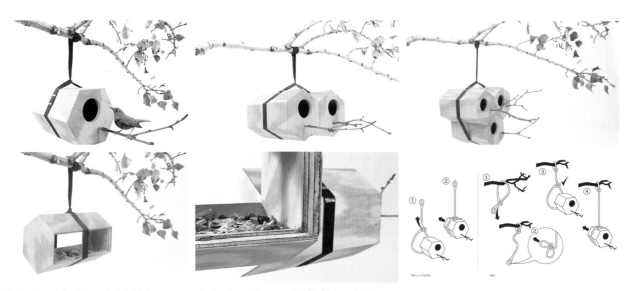

图 1-37 至图 1-42 "Neighbirds Houses" Andreu Carullag 工作室 / 西班牙

3）低成本验证设计成果

工业背景下批量化生产的产品，产品的研发过程往往漫长而耗费成本，一件产品的设计实施需要一套或数套模具来完成，模具开发成本高昂，如果因为设计过程的不谨慎而导致产品最终的功能有问题或是达不到理论设计效果，那么导致的损失将是巨大的。为避免因设计失误而造成的各种损失，越来越多的公司在产品正式投产之前要制作一个功能样机，样机往往具备产品的核心功能与设计效果，通过对样机的反复研究与评估，可以探讨人机关系的合理性、功能的完善性、工艺的可实施性等。通过这一方法对设计内容进行评价、验证。

企业往往通过利用产品模型作为实验依据反复进行产品功能实验、结构分析、材料应用、生产工艺制定、生产成本核算以及消费者相关的诸多问题的分析与研究，通过对各项设计指标的综合验证最终确定是否可以批量生产。这是保证产品能够顺利生产并销售的重要环节，产品模型是评价、验证设计的依据。

企业还往往在产品上市前通过手板样机来作为订货会中商业洽谈的重要依据，以此来帮助企业尽快地展示新产品、获取生产订单和委托加工，为提高企业效益起到了重要的作用。

汽车设计因其体积庞大、结构复杂、模具成本高，所以在开发新车产品的过程中都要通过模型的方式进行设计评估。下面将以广汽集团在开发某型号轿车过程中制作的汽车模型过程以及汽车内饰效果模型过程来说明。

图1-43至图1-45为模型铣削（初步塑型与反复修改）。目前汽车主机厂已少有完全通过人工完成模型的初步塑型，通常使用数字设计数据铣削加工后，再人工调整修改。图1-46至图1-48为手工优化调整（反复多轮）：通过人工快速响应油泥模型的优化调整。图1-49至图1-51为模型贴膜/涂装、展示：油泥模型造型调整完成后，通过粘敷专用高光膜或者表面涂装，做最终的模型展示。（图中模型为高光贴膜）

图1-43至图1-45 汽车模型制作过程/肖宁/广汽集团

图1-52、图1-53模型粗坯（铣削或手工）。使用易于快速成型的泡沫、石膏和树脂材料制作内饰模型粗坯。
图1-54、图1-55为手工敷泥、优化调整（反复多轮）。在油泥模型上，通过人工快速响应形态的优化调整。
图1-56、图1-57模型贴膜/涂装、展示。内饰油泥模型造型调整完成后，通过贴膜和涂装模仿各种表面纹理，做最终的模型展示。诸如按键，出风口等细节，可通过粘贴平面图案替代，或者制作仿真样件镶嵌在模型中。

总之，设计师通过产品模型制作，既能经历设计体验与设计实践的过程，又能在产品正式投产之前提供可行性分析的研究依据，产品模型制作是实现从研发到正式生产之前的关键环节与重要保障，因此，产品模型制作在设计中发挥着重要的作用。

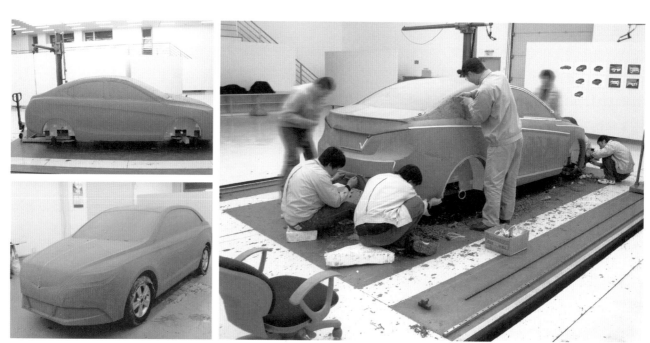

图 1-46 至图 1-51 汽车模型制作过程 / 肖宁 / 广汽集团

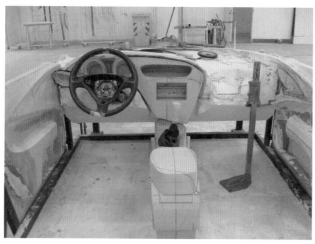

图 1-52 至图 1-53 汽车内饰模型制作过程 / 肖宁 / 广汽集团

图 1-54 至图 1-57 汽车内饰模型制作过程 / 肖宁 / 广汽集团

3. 模型制作的分类

1）按用途分类

根据产品模型在各个设计阶段所发挥的实际作用，可以将产品模型分为草模、展示模型、手板样机三种类型。

① 草模：也叫形态草模或形态研究模型。制作草模是继续深入研究、改进、完善形态设计的过程。形态研究模型的作用不是对外的交流、展示，它只是设计师个人或设计团队对内进行自我推敲、深入思考、完善设计的过程，因而它一般是由设计师独立制作完成。

设计师在草模（如图 1-58 至图 1-60）的塑造过程中一般不拘泥于外观精细度、尺寸精确度、表面肌理效果等细节方面的处理，而着重表现整体形态的结构转折变化关系，体现出鲜明的产品形态特征，为推敲设计形态奠定基础。

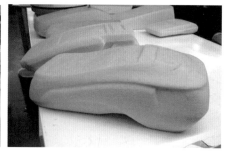

图 1-58 至图 1-60　设计师推敲形态草模 / 嘉兰图设计有限公司 / 深圳

② 展示模型：展示模型也叫表现性模型，要求真实感强，充满美感，具有良好的可触性，合理的人机关系，和谐的外形。展示模型主要用于表达产品的设计内容，要具有设计交流、展示评价与产品推广等作用（如图 1-61、图 1-62）。

展示模型制作要精细，模型应真实表现出未来产品的外观形态、色彩、材质肌理效果、结构连接变化等外部特征。展示模型要求能完全表达设计师的构想，各个部分的尺寸必须准确，各部分的配合关系都必须表达清晰，模型各部位所使用的材质以及质感都必须充分地加以表现，能真实地表现产品的形态，在制作与表现的方法上可以"不择手段"，充分利用各种现有材料或是产品，采用多种方法，以期达到表现设计效果的目的。

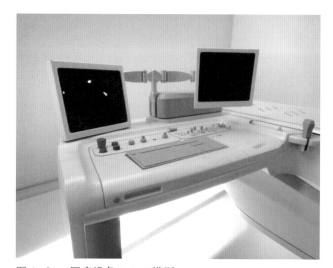

图 1-61　医疗设备 1：3 模型
　　　　　深圳市浪尖设计有限公司 / 深圳

图 1-62　机床设计 1：3 模型 / 浪尖设计有限公司 / 深圳

③ 手板样机：手板样机是一种综合的实验模型，指产品量产之前以手工操作方式，借助加工设备制作而成的产品样机。样机是整个产品开发的成果（如图 1-63，图 1-64），不仅表达产品设计师对形态、人机、色彩、材质肌理的艺术表现，还体现了结构设计师、研发设计人员对功能结构、内在性能、涂装工艺、科技专利等多项因素的把握与控制，代表着企业产品的理念和发展的未来。样机需要完全符合产品生产技术和工艺的要求，可以真正投入使用。所以样机的制作通常需要花费很长时间和投入很大财力，解决很多现实困难。

利用样机进行生产前期的综合实验与评定，既避免了不必要的设计浪费，又缩短了设计研发与生产实验周期。

图 1-63　游戏键盘 / 深圳市浪尖设计有限公司 / 深圳

图 1-64　多功能播放机样机
广州维博产品设计有限公司 / 广州

2）按材料分类

在模型制作中根据不同的设计需求选择相应的模型制作材料是极为重要的。大致可以分为纸模型、黏土模型、石膏模型、泡沫模型、油泥模型、塑料模型、玻璃钢模型、金属模型、木模型等。在实际的模型制作过程中应根据材料特性与设计表现效果来选择材料。

纸和硬纸板较易寻找，便于加工和造型处理。纸又是成品材料，不需磨光，易于表面着色或其他后期处理。同时，对工具的要求也比较简单，不需要专门的工作场所，可以在任何操作台或小的切割板上完成。

黏土方便成型，但是其材料特性使得黏土模型不能作为复杂结构模型材料来使用。

泡沫材料取材方便、易于加工、在塑造形态和曲面上有一定优势，但是如果需要后期表面进行喷漆或精细效果表现时通常效果不理想。

10 年前塑料模型制作一般需要花费大量的时间，而且需要许多的设备和较大的费用投入，而且模型制作完成后，设计师很难再做任何的改动，但是随着快速原型技术（三维印刷技术）的出现，设计师可直接通过计算机设计出产品模型，再通过快速原型机将产品制作出实物，而且这种采用 ABS（丙烯腈—丁二烯—苯乙烯）塑料为模型制作的材料表面非常光滑看不出融结痕，很适合做后期效果处理，作为展示模型为了达到较好的效果经常选用这种塑料材料进行制作。

实际的模型制作过程中应选择单一材料，这样比较节约成本、便于结构间连接处理尽量避免多种材料混合模型制作。

第二节　模型制作的沿革与发展

模型制作作为产品设计、开发的重要手段，一直广泛地应用在各个生产领域，而伴随着科技水平的提高以及加工工具和手段的不断升级，模型制作的工艺和手段也在不断发展变化，现简单介绍以下几个阶段。

1. 手工模型

模型制作的工具是制约模型制作水平的一个重要因素，传统的手工模型依靠最基本的斧、凿、刀、锯、刨等铁制专门的工具，不借用外在的电动机器或是先进科学设备来制作。在我国工业化发展初期，由于受到客观条件的限制，往往采用纯手工的方式来制作模型，模型材料多以陶土、石膏、木材、纸张等天然材料为主（如图1-65至图1-67），在塑造过程中也力图达到接近设计形态、展示设计效果的水平。

图1-65　木材加工 / 拍摄资料

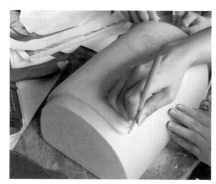
图1-66　油泥加工 / 拍摄资料

图1-67　石膏加工 / 拍摄资料

随着新材料的开发与应用，现在的手工模型已经开始利用新型的更为方便塑造的材料例如油泥、泡沫塑料等，由于传统手工模型制作的方法简便、快速，同时取材广泛和经济等优势，在现代设计过程中仍然发挥着现代技术不可替代的作用与优势。草模制作基于快速、高效率和推敲方案的需要往往多数以手工制作为主。

2. 机器辅助模型

随着生产水平的进步，人们越来越不满于纯手工模型表现效果单调、不便于深入加工等问题，开始寻找新的模型制作方法。塑料的诞生为整个工业化发展提供了广泛的材料基础也为模型制作提供了更多的空间。由于塑料本身的特性易于加工、品貌多样，并且易于后期效果表现，所以模型加工的过程越来越多的使用到了塑料材料，相应地，为了方便塑料材料加工，就要依靠一定的机器设备如车床、铣床、烘箱、线锯等（如图1-68至图1-70）。

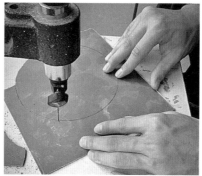

图1-68至图1-70　利用各种工具加工模型 / 拍摄资料

机器辅助模型可以减少一定的人工工作量，提高工作效率，同时可以表现非常丰富的模型效果：曲面转折、薄壳式的结构、透明效果、各种金属的质感、不同肌理、颜色等效果几乎都可以表现充分。越来越多的企业、学校利用一些基本的模型设备来制作效果优良的展示模型。

3. 数字化模型

科技的进一步发展、生产设备更加变得智能化，大量专门工具和电脑雕刻机的出现，无不体现计算机 CAD 辅助设计的强大威力，使得其精度和效率都获得极大的提高，同时节省了大量的人力消耗。设计方式的改变，无纸作业方式也体现出技术的对应性。随着三维打印技术的发展，它不仅用于模型的开发还广泛应用于医疗领域，以及 CNC（数控）技术（如图 1-71 至图 1-73）、MDF（熔融沉积造型）技术（如图 1-74~ 图 1-76）的完善，使展示模型制作或是样机的制作更加便捷。从现在工具业的发展和未来的趋势来看，随着模型制作业和材料业的发展及专业化分工的需要，模型制作工具将向着系统化、专业化的方向发展，届时模型制作的水平也将得到进一步的提高。

模型的发展历史就是一部人类社会科学技术发展的历史。人类的加工手段在变，居住的环境在变，设计的观念在变，唯一不变的是人类发展的目标没有变。人类向着改造客观世界的深度和广度进军，要求更加真实、全面、系统地模拟和反映真实的世界。无论是在表现形式上，还是在工具、材料及制作工艺上，未来的模型制作都将全方位地发展变化。

图 1-71 至图 1-73　利用各种技术加工模型 / 拍摄资料

图 1-74 至图 1-76　MDF 加工工艺 / 拍摄资料

第三节　模型制作原则

模型制作应该注重制作的效果，同时也要注意一定的原则。

1. 准确再现设计效果原则

模型制作的目的是为了帮助设计师推敲设计形态、展示交流设计理念、验证设计成果，那么模型制作就应该准确地再现设计效果，这是模型制作的基本前提与要求。

1）注重真实感、突出设计细节

模型制作最重要的目的，是要使设计的形态形象化、具象化。在设计过程的早期阶段，许多设计的细节在设计者的脑海中形成，但考虑这些细节的构造、材料与细节效果对于一个模型的真实感来说是非常重要的。

在选择模型材料时，对于模型的表面质地也应作一个重要的因素来衡量模型外观的真实感。首先要考虑的是模型材料的质地。很显然，一个表现性模型，要比一个用于设计过程研究所用的研讨性模型需要更高的真实性。虽然有些模型并不需要严格真实的表面特征，就能够从模型所表达出的形态特征上理解其设计的内在寓意，但材料与真实性仍然有着直接的关系。木材、金属和塑料的质地能给模型以相当高的真实性，但是要用泡沫塑料材料来塑造一个真实度很高的细节几乎是不可能的。

为了得到一个真实感强、细节完美的模型，形态表现细腻、质地逼真、外观整体和谐优美非常重要。图 1-77 至图 1-82 为"幼儿看护系统"产品的各个部分效果图与模型图对比，模型的不同部分采用了不同的材料和质感处理来制作，以求符合设计效果以及真实感。

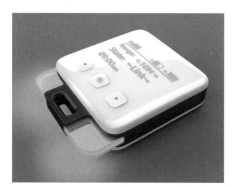

图 1-77 至图 1-79　效果图 / 拍摄资料

图 1-80 至图 1-82　"幼儿看护系统"模型图 / 拍摄资料

2）选择合适的模型制作比例

模型材料和模型比例之间的选择有着密切的关系。因此，除非所制作的对象实体体积非常小，对比例不加考虑外，模型的材料与比例必须同时进行考虑。例如，纸材对于大型模型来说并不是首选材料，尽管在模型内部可以设置结构框架，但最终还是会扭曲变形。相反泡沫塑料对于塑造大型产品形态来说则非常适合。塑料则更适合于制作各种比例的表现性模型。

当选择一种比例进行制作时，设计师必须权衡各种要素，选择较小的比例，可以节省时间和材料，但非常小的比例模型会失去许多细节。如1∶10的比例对一个厨房模型来说恰到好处，但对于一把椅子来说，特别是想表现许多重要的细节，就显得太小了。所以应根据具体的产品种类、尺寸与所要表达的效果谨慎地选择一种省时而又能保留重要细节的模型比例，这个比例能反映模型整体效果，又可以适当地表现设计细节。

2. 灵活、高效原则

模型制作是设计的一个重要组成部分，模型为了较好地起到推敲、展示、交流、验证的作用，就要求模型较为真实的同时，还要注重制作过程的效率，如果为了模型制作这一过程的拖沓而延误整个设计流程，是不可取的。那么在模型制作这一过程，应依据模型制作的目的而灵活采取不同的手段方法，通过如下一些方法，既可以保证模型制作的效果，又可避免人力、物力和时间的浪费。

1）分解产品模型制作模块

在模型制作的过程中，应首先分析产品的形态和造型之间的关系，适当将一些不同形态的大体块部分进行拆解，分成不同的模块来制作，最后再进行拼装。

例如用ABS板制作一个有倒角的长方形茶几的侧板时，可以先根据尺寸将四个比较平直的侧板制作好，然后再裁制一块面积稍大一些的板材，按照茶几尺寸分别通过热弯等工艺制作四个有弧度的倒角部分，将热弯后多余的材料部分去除，再将茶几侧面平板与倒角部分分别粘接起来。之所以要将直面与曲面分别制作，是因为在一块较大面积的ABS板上对一个相对面积比较小的局部进行弯折时，往往费时费力、不易加工，或者弯折处的旁边部分有可能会变形而导致整体形态无法达到设计要求。

在模型制作的过程中将一些不同形态、转折关系的面或者体块分别制作避免了材料的浪费，同时方便加工与操作、提高效率。例如：将一个豆浆机分成机身、顶盖、把手等几个部分分别制作，最后再进行组合（如图1-83至图1-85）。

图1-83至图1-85 "豆浆机"分模块制作模型过程／拍摄资料

2）选择合理的材料与加工方法

模型制作也需要一定的经验累积，选择合适的材料、合理的加工方法可以事半功倍地得到理想的模型效果，相反，如果没有一定的模型制作知识往往使得模型制作的效果大打折扣。

很多时候，制作者花费大量精力制作的模型却达不到理想的效果，比如制作的车模开裂了、展示模型构架无法稳固、压制的边缘出现了不规则的唇边等，除了加工技法、设备条件的问题以外，加工材料的不合理选择是常见错误之一。通常而言，模型制作要经过塑造、翻模、成型、修整、打磨、抛光、贴膜或喷漆多个阶段，如果造型材料无法完成其中必需的步骤，就可能导致最后成型效果的偏差。制作者要做到正确地选择材料，灵活运用各种材料的性能、材料加工成型的工艺技术，才可能高效地作出出色的模型效果。

3）借用已有物品的形态、肌理、质感

在展示模型制作的过程中一般不必拘泥于亲自动手做模型的各个细节部分，完全可以利用一些现有的物品。

例如，要制作一个豆浆机，而这个豆浆机的桶身是一个直的正圆柱形，那么我们完全可以去五金店寻找尺寸适当的塑料水管材料，然后截取其中一段作为豆浆的桶身，再自己动手制作豆浆机的其他部分，最后经过组装、喷漆等工艺（如图 1–86 至图 1–88）。这样的过程避免了自己动手去用 ABS 板制作一个圆筒，这样既节省时间又省下制作过程中因制作不成功而浪费的材料。

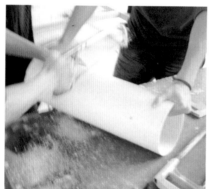

图 1–86 至图 1–88　豆浆机模型桶身取材于塑料管材 / 拍摄资料

在制作一个产品的装饰按键时，也可以找来一颗漂亮的纽扣或珍珠等肌理漂亮或质感细腻的物品嵌在产品里面，以此表现产品的设计细节效果。这都是可以的。而且避免了自己动手去制作细小的部分而精度和表现力不够完美。

总之在展示制作模型的过程中可以根据实际情况和需要，在基本的模型制作工艺基础上大胆地进行探索，方式可以多样一些，手段可以灵活一些，只要保证模型达到理想设计效果，多种材料、物品都可能也可以派上用场。

3. 成本适度原则

一件模型作品的功能有很多，草模阶段是要提供给设计师进行形态探索的功能，展示模型阶段需要充分表现出设计师的设计理念，要完美地表现设计效果，样机阶段需要完成功能验证和市场评估等任务。在模型制作的过程中要根据模型的不同作用和不同目标来确定制作的标准和效果，然而不能不考虑的就是成本问题。

1）选择合适的材料

对于设计专业的学生来说，进行设计推敲一般可以采用泡沫材料，易于加工，成本低廉；对于表现曲面形态，油泥材料也是不错的选择，而且油泥可以回收反复利用，大大降低了成本。而对于用于展示设计效果的展示模型来说，一般如果通过手工制作只需要购买材料，配合一定的工具，制作成本也比较低廉，但是随着各种先进的数字化模型技术的兴起，很多展示模型的制作可以通过机器来进行加工，这种通过 CNC 或其他机器加工的模型往往精度非常高，模型表现效果也更加精美，但是往往通过这种加工的方法加工费用会比较高，在选择模型制作的方法时进行比较分析，在保证模型效果的基础上控制成本。

2）优化模型制作工序与方法

一件模型作品的制作工序与制作方法不仅影响模型最终的效果，也直接影响到模型制作的成本。

一个看上去是实心的较大体积的方块体，如果真的用 ABS 板材堆叠、粘接起来，既浪费材料，模型也非常笨重，如果用 ABS 板进行拼接，制作成空心的、只有外壳的方块体，那么其材料可以节省，同时也省去了一层层板材堆叠粘接的麻烦。

同样，一个单曲面的形态，如果是通过自己制作石膏模，再用 ABS 板压出来，非常节省材料；但是如果这个单曲面通过 CNC 加工的方法来制作，就需要一大块 ABS 材料来进行切、削、雕刻，非常浪费材料，而导致模型成本上涨。

模型制作的过程中应该综合考虑模型的效果与目的，确定适度的模型制作成本。

在下面的章节中，将探索不同功能的模型的特点以及适合制作不同模型的材料、工艺和制作方法，将通过文字说明、图例来介绍各类模型制作的过程。并通过实践程序的分解任务来演练各类模型详细的制作流程与要求。

这些技法将在模型制作过程中帮助设计概念的有效展开，帮助设计师展示设计理念，展示设计成果，体现模型制作的意义。

第二章

模型制作实训

本章按照产品设计中模型的作用将模型分为草模、展示模型、手板样机三个项目分别从材料、工艺方法等方面进行详细的介绍，并且以产品项目分解任务的方式详细阐述一件模型作品的制作流程；注重课程的引导性：以大量优秀的展示模型制作案例以及实际产品设计的手板样机来帮助学生提高对模型制作的理解。

第一节　项目一　草模制作

1. 训练要求

▶▶ 项目介绍

在数字化作业背景下，草模与草图的作用显得更为重要，尤其是初学者，熟练掌握常规材料草模的制作有利于对产品尺度、结构以及效果的精确把握，弥补了技术本身的不足。学习并利用草模制作这一方法有助于全面理解、掌握、运用工业设计知识，提高产品造型设计的能力，为后续设计的开展奠定良好基础。

1）项目名称：草模制作

2）项目内容：用油泥、泡沫塑料材料进行草模制作练习

3）项目时间：26 课时

4）训练目的：通过动手制作模型，能够利用模型制作的相关工具并且能够熟练掌握模型制作的方法，体会不同材料模型制作的特点，能够快速地制作草模并应用于设计中。

5）教学方式：A. 理论教学采取多媒体集中授课方式；
　　　　　　　B. 实践教学采取在模型工厂内进行实操方式；
　　　　　　　C. 以子任务的方式分解制作工序、理论实践相结合。

6）教学要求：A. 多采用实例教学，选材尽量新颖；
　　　　　　　B. 作业要求：a. 利用油泥材料制作一件汽车模型；
　　　　　　　　　　　　　　 b. 利用泡沫塑料材料制作一件小型家用电器。

7）作业评价：A. 表现性：草模的表现效果；
　　　　　　　B. 完整性：草模制作的形态流畅、比例和谐、设计细节表现与整体效果的完整性；
　　　　　　　C. 合理性：正确使用工具制作草模、制作工序合理。

草模是设计师理解形态、推敲设计细节的重要手段，学习草模制作有重要意义。

2. 知识点

1）草模制作概述

① 草模概念

草模即初步的、简易的、非正式模型，又可称为粗模，这类模型是设计师在设计的初期阶段，根据设计的构思，对产品各部分的形态、大小进行初步的塑造，然后对形态进行深入的分析与推敲，探讨模型各部分的尺度关系与功能、审美之间的恰当结合点，为进一步开展设计以及探讨设计细节确立基础。

草模的特点是只追求粗略的大致形态，没有过多的细部装饰，往往也没有色彩，以目的来说这类模型又可称为研究性模型。很难完整详细地向外人，尤其是向缺乏专业设计训练的人员进行讲解，它是设计师的自我对白。草模的目的并非展示设计成果，它只是设计师对设计进行自我推敲、分析、修改、完善设计的手段，因而它是由设计师独立制作完成的。

由于草模的作用和性质，在选择材料时一般以选易于加工成型的材料为原则。如纸、泥土、石膏、泡沫塑料等常作为首选材料。

② 草模制作的意义

A. 形态推敲：设计是一个综合的、系统的思维过程，为了更好地表达设计思维与设计结果，设计师往往会绘制设计效果图，而设计效果图只具有二维形态，无法体现在三维空间中设计的结果，而设计灵感又往往是灵光一现的，草模的制作过程中以手配合酝酿思维和快速捕捉灵感，比草图更具体、更有启发性，表达的都是抽象的思考方向，这使得设计师更容易在草模制作的过程中对产品的形态产生更多的审视角度，也经常针对同一产品进行一系列的形态各异的草模创作，并将其互相比较、分析、评估。这样的方式使得草模为形态推敲创造了更大的空间。

B. 设计细节完善：在草模形态推敲之后，设计师已经概括地表现出此产品外观造型的多种样式，要在诸多草模型外观造型样式中选择可以继续深入的设计方案作为设计细节完善的对象。只有将设计立体的、全方位地呈现在设计师面前，设计师才能针对已经构思的设计细节进行评估和判断。

所以草模的作用并不仅仅是与美感有关，还与产品的功能、尺度关系密切相关。草模的制作与修改对产品设计的细节是否合理、完善，有着重要作用。

著名的设计师马克·纽森（Marc Newson）在设计躺椅 Lockheed 的过程中，亦是亲自动手推敲形态的每一处细节，从图纸到模具再到材料的选择、实验，这一过程就是设计师以模型来推敲形态、完善设计细节的一个过程（如图 2-1 至图 2-6）。这一过程中，模型的作用、意义淋漓尽现，草模不再只是一个简单的工具，更是设计的一个重要环节。越来越多的设计师看到了草模制作的重要性，也享受草模制作的思考、研究过程，利用草模这一工具为设计提供丰富的内涵。

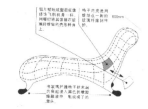

图 2-1 Lockheed 躺椅
设计图纸 /
马克·纽森 / 纽约

图 2-2 Lockheed 躺椅模具 /
马克·纽森 / 纽约

图 2-3 Lockheed 躺椅 /
马克·纽森 / 纽约

图 2-4 设计师制作
Lockheed 躺椅 /
马克·纽森 / 纽约

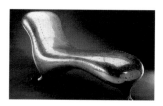

图 2-5 Lockheed 躺椅 /
马克·纽森 / 纽约

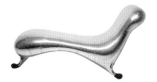

图 2-6 Lockheed 躺椅 /
马克·纽森 / 纽约

2）几种草模制作的常用材料及其制作工艺

① 纸模型制作

A. 纸质材料概述：纸是我国古代的四大发明之一，是劳动人民长期经验的积累和智慧的结晶，广泛应用于我们日常生活的各个方面。纸的品种很多，习惯分类方法有三种：

按生产方式分为手工纸和机制纸。手工纸以手工操作为主，质地松软，吸水力强，适合于水墨书写、绘画和印刷用，如中国的宣纸。机制纸是指以机械化方式生产的纸张的总称，如印刷纸、包装纸等；按纸张的厚薄和重量分为纸和纸板，一般以每平方米重 200g 以下的称为纸，以上的称为纸板，纸板主要用于商品包装，如箱纸板、包装用纸板等；按用途分为：新闻纸、印刷纸、书写纸，供印刷及书写用并包括绘画和制图用纸、包装纸、技术用纸（工农业技术用纸）、生活卫生用纸等。由于纸质材料易于获得，并且用于模型制作相对成本较低，所以经常应用于各种装饰艺术品中（如图 2-7 至图 2-10）、模型制作中，甚至很多批量化生产的产品也经常利用到纸，尤其常见于灯具产品（如图 2-11 至图 2-14）。

B. 纸质材料的特性：不同类型的纸有着不同的特性，其强度、韧度、透明性能等方面都有很大的差异。一般而言纸张具有整洁、细腻、平整、轻薄的感觉，因而用纸造型能创造出整体挺拔、质感细腻的美感。但是纸的抗水性能差，所以在选择纸作为模型制作的原料的同时，要考虑其使用的特殊场合与功用，同时纸质材料还有两个较为重要的特性：

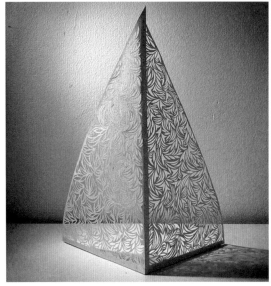

图 2-7　a、b 纸雕艺术作品 / Rachael Ashe

图 2-8 a、b 文字飞千里 /3D 概念纸雕海报 / Kyosuke Nishida

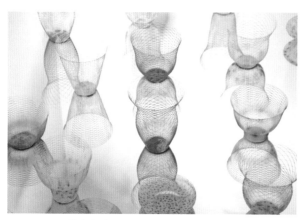

图 2-9 纸艺空气瓷器 / Torafu

图 2-10 折纸创意 / 克瓦德拉特公司设计 / 丹麦

图 2-11 镶嵌折纸灯罩 / Ilan Garib

图 2-12 纸艺作品 / Yuken Teruya

a. 可塑性

纸质材料有很强的可塑性，可用折、叠、剪、刻等多种方法进行加工，对一张平整、光洁的纸进行揉搓，其表面还会产生一定的纹理和痕迹，其很难回复到被揉搓前的平整状态，而正因为纸质材料的这种特殊的可塑性，也往往被利用在制作某些特殊纹理效果的模型上。

图 2-13　纸艺灯罩 / Wolfgang List

图 2-14　镶嵌折纸灯罩 / Ilan Garib

b. 强度

纸是以木材、竹子等为原材料生产的，所以具有一定的强度，尤其是一些经过加工制成的各类有一定厚度的纸和硬纸板，通过不同的加工方法其所表现的强度也有所不同（图 2-15、图 2-16）。

C. 纸质材料种类

纸质材料种类繁多，常应用在模型制作中的有以下几种：白卡纸、铜版纸、白纸板、瓦楞纸板、泡沫塑料板、吹塑纸板等。

白卡纸有一定厚度，色白，有一定光泽度，强度较好；铜版纸质地均匀，光滑平整；白纸板较厚，适用于大多数纸类模型；瓦楞纸板是由纸板与瓦楞芯粘合而成，具有较高抗压强度、坚韧抗撕裂、不易弯曲，适用于大型结构性的粗制性模型，也可用于需要承受一定外力或压力的模型制作（如图 2-17 至图 2-20）；泡沫板质地松软，易于切割，适合中大型模型制作，但是精度不高；吹塑纸板有多种色彩、厚度可供选择，质地松软，有一定强度和耐折度，但是抗压强度不高。

选择纸质材料应用于模型制作，应根据所需的强度、质地、纹理、抗压强度等综合因素进行考虑，也可将多种不同纸质材料组合使用。

D. 纸质模型加工处理技巧

在开始制作模型之前，应充分思考模型制作的步骤与方法，合理利用纸的特性进行分步、精确的处理。

为使纸材有更加立体的表现效果或是纹理效果，可以先对纸进行表面加工，常用加工方法有：

图 2-15　采用压皱纸和高密度聚乙烯合成纸制作的时尚提包 / Ilvy Jacobs

图 2-16　L 浮云纸沙发 / 吉冈德仁

图 2-17　bravais armchair / FLazerian 工作室

图 2-18　瓦楞纸玩具车 / 佚名

图 2-19　纸浆家具 / Debbie Wijskamp

a. 表面加工

加纹：利用工具在纸的表面进行划刻或是揉搓等，使纸表面具有丰富纹理感。

起毛：利用工具对纸进行刮、抓、摩擦等，使原本平整光洁的纸面产生毛糙的质感。

凹凸：利用工具或适当有凹凸起伏纹样的物品在纸的背面进行挤压，使纸的表面产生明显凹凸的纹样。

b. 形态加工

为使平面的纸质材料具有立体效果而利用其可塑性对其进行形态加工，常用方法有如下几种：

折叠：折叠是利用纸张的可塑性进行形态加工的最常见、最主要的加工方法。折叠需要按照一定的折线进行，在折叠前，应先在纸上画出所需要的折线，然后用刻画工具在折线上划刻，根据需要把握折痕的深度，折痕太深容易造成纸折裂，折痕太浅又容易造成折叠效果不理想。

弯曲：弯曲也是利用纸的可塑性与弹性进行形态加工的常见方法，在表现纸的曲面美感、形态转折上效果突出，能给人以流动、柔和、轻快的感觉。要做好复杂的有弯曲有折叠的模型效果，必须先在纸上画好折曲线，再用刻刀或工具按照折曲线轻轻刻痕，然后才进行折叠。需要注意的是，在画折曲线或刻痕时，应借助尺子、圆规、曲线板等工具，这样才能保证折出来的线条流畅自如，曲面转折精细完美（如图2-20）。

值得注意的是，不是所有形态都适合用纸的造型来表达，一般情况下，纸只是一种象征性的替代材料，不是产品最终生产所采用的材料，因此不可能用纸来表达设计中的所有细节。设计师在用纸质材料作为草模进行形态推敲或解决结构处理等问题时，不仅要考虑模型的最终形态是否美观，还要考虑模型与纸的自然属性是否相符合，才是发挥出纸的潜质，以经济、便利的方法实现纸质草模型制作的目的。

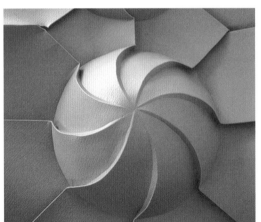

图 2-20　折纸艺术 / Andrea Russo

E. 灯具纸模型制作案例

准备灯具设计草图（如图2-21）。

探讨设计实施方法，精确计算折叠尺寸与方法（如图2-22）。

准备材料与工具：根据尺寸选择有一定厚度、适合折叠的纸张以及丁字尺、戒尺、胶水、灯泡、电源、铁丝等工具。

根据设计尺寸以丁字尺辅助画线，用美工刀剪裁出灯具中灯罩纸张材料（如图2-23）。

以纸辅助进行灯罩折叠结构线的绘制（如图2-24）。

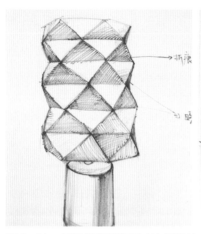
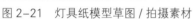
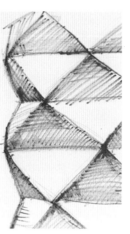

图2-21　灯具纸模型草图／拍摄素材

图2-22　灯具纸模型图纸／拍摄素材

图2-23、图2-24　灯具纸模型制作过程1／拍摄资料

图2-25、图2-26　灯具纸模型制作过程2／拍摄资料

按照设计对灯罩结构线进行折叠，注意折叠方向，直至全部折叠完成（如图2-25至图2-28）。

以双面胶将纸张按照折痕重叠粘接（如图2-29）。

以铁线将灯罩固定，将光源装入灯罩内。

制作完成（如图2-30）。

图2-27、图2-28 灯具纸模型制作过程3 / 拍摄资料

图2-29、图2-30 灯具纸模型制作过程4 / 拍摄资料

② 泥模型制作

A. 泥模型概述

设计师为了便于体会产品的外观形态中的线条、体块的转折关系等，经常需要对模型进行雕琢、反复修改，而最为方便的材料之一就是易于成型的泥质材料。一个较为复杂的形态，在其塑造过程中，设计师能够充分地发挥其自由、大胆的设计创意，并能够及时地看到这种形态塑造的效果，使得越来越多的设计师偏爱泥模型（如图 2-31 至图 2-34）。

图 2-31、图 2-32　油泥汽车模型 / 拍摄资料

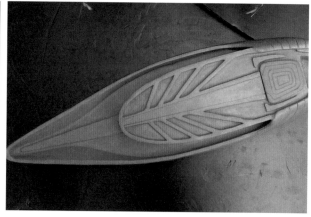

图 2-33、图 2-34　油泥船模型 / 拍摄资料

B. 泥质材料分类与特性

制作泥模型常用的材料主要有黏土、油泥。

a. 黏土

黏土的特点是粘合性强，加工方便，可塑性大。黏土以水调和经反复揉捏，使其成为易于塑造形体的"熟泥"。黏土材料来源广泛，价格低廉，在塑造的过程中可以任意调整，修、刮、填、补比较方便。塑造中用过的泥料或是已经风干的泥料还可以敲碎加水打湿重复使用，是一种比较理想的造型材料。需要注意的

是，黏土制成的"熟泥"因湿度不一致往往会造成粘合力受损，模型表面的泥块与里层的泥块湿度一致，泥与泥之间的粘合力较强，若是表里干湿度不一致，即使粘合在一起，一旦遇水，表层的干泥便会脱落，对模型的细节塑造不利。

黏土模型易因失水而干裂、脱落，不利于长期保存，同时由于黏土自身的缺陷，不适于在黏土泥模表面进行效果处理，所以当泥模完成后一般会用石膏进行翻模，或用其他材料翻制胎模，以保持模型的原型，并继续进行适当表面效果处理。这种方法也被广泛地应用在产品模型塑造过程中。

b. 油泥材料

油泥是一种人工合成材料，市场上有产品模型制作专用的模型油泥出售（如图 2-35），主要成分为黏土、油脂、树脂、硫磺、颜料等填料配成。其质地细腻，可塑性好，表现力精细。油泥的可塑性会随着温度而产生变化。低温油泥变硬，高温油泥变软，软化温度在 60℃以上，油泥加热后可以任意造型并用刮板进行顺畅的加工造型，待温度降低油泥变干后还可以进行表面修饰处理，过硬或过软都会影响油泥的可塑性。

油泥材料价格相对较贵，但是用油泥材料制作模型的特点是可塑性好，加热软化后可以自由修改造型，不易变形、干裂，而且材料可以回收利用。如果要制作的模型较大，出于节约成本以及快速得到模型效果的考虑，往往在油泥模型的内部采用一定其他材料的龙骨作为支撑，龙骨材料经常选用价格低廉取材方便的泡沫。

由于油泥的易于修改，因此油泥草模常被用来推敲多曲面的产品形态，反复雕琢、塑造；另一方面由于油泥的表现力精细，也经常被用在汽车展示模型、概念模型的制作上面。

C. 泥模型加工工具

泥模型最重要的加工工具之一就是手，设计师的手。泥料的可塑性和柔韧性，富有弹性、表面比较柔韧，用手直接去接触泥体，改变它的形状，进行堆积、粘接，塑造出设计对象的形体。手本身适应泥料特性的能力很强，通过手能产生各种变化微妙的形体，是塑造功能最强的工具。在大多数情况下，塑造过程还需借助于其他工具来辅助手的工作：木槌用于敲实泥块；各种不同的泥塑刀用于某些多余泥料的去除和精确的、细部的塑造以及体、面、线、角或特殊的表面质感效果的表现等，还有需要借助的辅助类工具转盘、量规；帮助油泥材料维持湿度的喷壶和盖布等（如图 2-36）。

图 2-35 油泥材料／拍摄资料

图 2-36 油泥制作工具／拍摄资料

D. 泥模型加工处理技巧

黏土模型、油泥模型制作的方法基本相同,大多采用传统的手工加工方式来制作,加工制作的工艺过程如下:

a. 粗型的塑造:塑造前对造型做整体考虑,用几何形体来塑造大致的形态,类似于绘画开始时的大轮廓线,再逐步加工成粗型。

b. 进一步塑造加工:以主体面、线为基础进行重点、局部、细节的处理,如体的对称关系、面的转折关系、结构细部关系、比例协调关系的处理,使粗坯由不明朗的形态逐渐过渡到明朗清晰的形态。

c. 总体调整和局部加工:对进一步加工后的粗型进行总体考察和局部的考察,分析存在的问题,使局部与整体和谐完整。图 2-37、图 2-38 为油泥材料制作的模型效果。

图 2-37　a、b 油泥模型 1 / 拍摄资料

图 2-38　a、b 油泥模型 2 / 拍摄资料

③ 石膏模型制作

A. 石膏模型概述

石膏材料价格低廉，质地细腻，具有良好的成型性能，有一定的强度，不易收缩，可进行细部雕刻，便于长期保存以及表面装饰，成为复制黏土等可塑性材料所塑造的作品的通用成型方法。

通常人们采用将泥模型翻制成石膏模型的方法来保存作品，以便长久地保留所塑造的产品形态，同时，也可以通过制作石膏模型的方法进行多次复制原形。由于采用石膏模具的方法翻制产品模型成本低，所用工具廉价，操作简单，所以一直被广泛地应用在艺术设计、模型制作的领域（如图2-39、图2-40）。在模型成型技法中，这是一种重要的、最常用的成型方式。

图 2-39、图 2-40　石膏模型作品 / 拍摄资料

B. 石膏模型特性

模型石膏主要是石膏粉与水混合调制而成，石膏粉与水的配比量会影响石膏凝固后的强度和密度，因此在使用前应根据模型需做凝固试验。

用石膏制作模型具有以下特点：在不同的湿度、温度下，能保持模型尺寸的精确，稳固安全性高、可塑性好、可应用于不规则及复杂形态的作品；价格低廉，可长期保存；使用方法简单，复制性高；表面光洁易于涂饰或是与其他材料结合使用。

C. 石膏模型加工工具

各种尺子等度量工具、电动曲线锯、手动锯割工具、灰刀、镂刀、修型刀、锉削工具、电钻、转轮、脱模剂、砂纸等。

D. 石膏模型加工处理技巧

a. 调制石膏浆

在开始调制石膏浆的操作前，必须先在容器中放入清水，然后再一次一次均匀地把石膏粉撒入水中，让石膏粉因自重下沉，直到撒入的石膏粉比水面略高，此时停止撒石膏粉的操作。让石膏粉在水中浸泡一两分钟，使石膏粉吸足水分后，用搅拌工具或手向同一个方向轻轻地搅拌，搅拌应缓慢均匀，以减少空气渗入而在石膏浆中形成气泡。连续搅拌到石膏浆中完全没有块状，直至石膏浆有了一定的稠度为止。不可直接往熟石膏粉上注水。在调制石膏的过程中，不能一次撒放太多的石膏粉，否则也会产生结块和部分凝固现象，难于搅拌均匀。切记石膏撒放后要静置片刻，才开始向同一方向搅拌。

b. 石膏模型成型技巧

石膏模型常用成型方法有雕刻成型、旋转成型、翻制成型。

雕刻成型：首先照模型外观形状制作一个大于模型尺寸的坯模，将石膏调制成浆后浇注出坯模块，并在其上面绘制基本轮廓线，用锯、刻刀、锉刀等工具对石膏坯块进行减法式加工，成型后再对石膏模型的表面以及细节部分进行精雕细琢，直至达到满意效果。

旋转成型：如果产品是比较规整的圆形或者是以此为基本型的造型，可以在修坯机上通过车削方法成型，在转轮上用围板制作模框，在石膏未干之前用刀具或是模板对旋转的石膏进行车削加工，车削完成后再进行连接、细部修整与刻画。

翻制成型：遇到不规则的形体，可以采用翻制的方法来制作石膏模型。用泥质材料制作产品形态的阳模，然后利用石膏阴模浇注出与原型相同的石膏模型，最后在进行修饰与表面处理。根据原型形状以及脱模方式，石膏阴模有单块、两块或多块等形式，这要根据所做原型的形态复杂程度而定。翻制的方法可以批量的生产同一形态的模型。

E. 花瓶石膏模型制作案例

制作模型所需的设计图纸（如图2-41）。

分析形态，确定利用石膏翻模技术制作模型。准备石膏材料（如图2-42）、油泥，脱模剂（肥皂水），制作工具：盆、桶、刮刀、直尺、毛刷、手套等。

用油泥堆置出花瓶的大体形态（如图2-43、图2-44）。

为下一步石膏翻模的效果更加完善，对花瓶的阴模胎膜需要仔细推敲，表面精细光滑，完成花瓶油泥阴模制作（如图2-45、图2-46）。

在花瓶胎模上画好两边对称的中线，分好上下两部分的胎膜，并设计预留好开模的沟槽，以方便后面取得石膏模型。

在胎膜表面上涂刷脱模剂，待脱模剂晾干后准备进行石膏模型翻制。

配置石膏浆，注意要先在盆内放置清水，再均匀撒入石膏粉，再搅拌均匀（如图2-47）。

用纸箱围合一个体积大于花瓶胎膜的范围并进行石膏浆浇注。将花瓶胎模涂抹脱模剂后放入石膏内，完成一面阴模的制作（如图2-48）。

继续浇注石膏浆，以完成另一面阴模的制作（如图2-49）。

石膏凝固后，取出花瓶黏土胎膜，就得到花瓶的阴模（如图2-50）。

将阴模打磨、清洁后，在石膏阴模上涂刷脱模剂。（如图2-51、图2-52）

将两块阴模模具合并，并用绳子等工具将其牢牢扎紧。把石膏浆注入阴模内，待其晾干（如图2-53）。

当石膏完全凝固后用工具在石膏外壳预留的沟槽中撬开石膏外模（如图2-54）。

取出石膏模型后对齐，用砂纸等工具进行修饰（如图2-55）。

制作完成花瓶石膏模型，并用自喷漆喷涂颜色（如图2-56）。

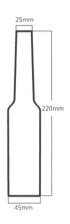

25mm

220mm

45mm

图 2-41、图 2-42　花瓶石膏模型制作图纸、材料 / 拍摄资料

图 2-43、图 2-44　花瓶石膏模型制作过程 1 / 拍摄资料

图 2-45、图 2-46　花瓶石膏模型制作过程 2 / 拍摄资料

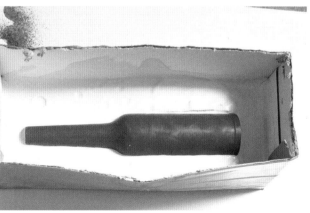

图 2-47、图 2-48　花瓶石膏模型制作过程 3 / 拍摄资料

图 2-49、图 2-50　花瓶石膏模型制作过程 4 / 拍摄资料

图 2-51、图 2-52　花瓶石膏模型制作过程 5 / 拍摄资料

图 2-53、图 2-54　花瓶石膏模型制作过程 6 / 拍摄资料

图 2-55、图 2-56　花瓶石膏模型制作过程 7 / 拍摄资料

④ 泡沫塑料制作

A. 泡沫塑料模型概述

泡沫塑料是由塑料颗粒利用物理方法或利用化学方法使塑料膨胀发泡而成的塑料制品。常用的泡沫塑料分为可发性聚苯乙烯泡沫塑料（EPS）、硬质聚苯乙烯泡沫（PS）和硬质聚氨酯泡沫塑料（PU）。与其他材料相比，泡沫塑料的最大优点是易于削切，制作速度快，因此越来越多的大型展示模型等利用泡沫塑料材料来制作（如图2-57、图2-58），但是由于泡沫塑料的密度低，质地松软，所以对其进行表面处理或装饰的效果都不够理想。

图 2-57　泡沫塑料汽车模型制作 / 广佛—珠影品艺泡沫雕
塑公司

图 2-58　泡沫塑料汽车模型作品 / 视觉同盟网站

B. 泡沫塑料模型特性

泡沫塑料草模因易于加工，省时省力，所以越来越多地应用在设计师研究产品形态的模型中，但受材料本身疏松、柔软等特性的限制，比较适合表现凸起形状和粗厚形状的模型，不适合表现内凹形状、薄壳类型形态的模型。

可发性聚苯乙烯泡沫塑料（EPS）是一种应用广泛的轻质包装保温材料，白色，有可见的颗粒感，切割面不是很平整，边缘处泡沫粒粗大且疏松容易掉落，可用在对精度要求不高，多用在大的体量模型制作中。

硬质聚苯乙烯泡沫（PS）结构为带无数小气孔的固体，具有高抗压、保温、防潮、轻质、耐腐蚀等优越性能。

聚氨酯泡沫塑料（PU）是一种化学发泡法形成的材料，有硬质PU和软质PU之分，一般来说，产品模型制作会选用硬质PU,淡黄色，其外观和硬质PS很相似。

C. 泡沫塑料模型加工工具

泡沫塑料强度不高，结构松软，用普通美工刀、锯条、木锉刀、砂纸等就能加工，还可以将砂纸卷在不同形状的芯棒上，例如卷在圆棒、圆瓶类物体上做圆弧的成形加工。此外还需要黏结剂。

D. 泡沫塑料模型加工处理技巧

泡沫塑料作为低密度的材料，非常容易进行操作，也很容易因手的失控削切或是打磨过度。所以与其他材料不同，对泡沫塑料的加工要有明确的计划，并在被加工的材料上绘制三视图，然后根据模型形态与尺度进行切割与加工。再通过辅助工具进行修整，使模型平滑，最后再将模型各个部件进行粘合，最后修整。

E. 电焊枪把手模型制作案例

准备模型制作需要的尺寸图纸（如图 2-59）。

首先分析模型，根据结构以及具体形态确定整体制作或是分块制作方式，计算材料尺寸，并切割好大的体块材料（如图 2-60）；在已经切割好的材料上的各个面上画出视图，根据设计尺寸，画出对象的清晰轮廓（如图 2-61）；根据轮廓线，使用小型锯片等工具切割模型的多余材料；在模型上画出结构线，并用锉刀等工具使模型表面平滑（如图 2-62）；用锥子等尖头工具对模型进行刮、挖等细致研磨，根据设计效果进行表面修饰（如图 2-63）；用手反复握、拿电焊枪把手模型，推敲设计的尺寸是否适合手的拿、握以及是否方便用力（如图 2-64）。

根据手的感受反复修改模型的尺寸细节，并用细砂纸研磨、修整模型的细微部分（如图 2-65、图 2-66）。

用以上同样的方法制作电焊枪模型的按键部分。

用胶水将模型各个部分粘结起来（如图 2-67、图 2-68），再次感受电焊枪把手以及按键的操作效果，直至达到满意的手感效果（如图 2-69），完成模型制作（如图 2-70）。

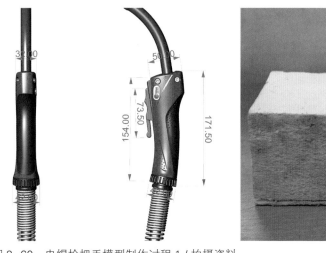
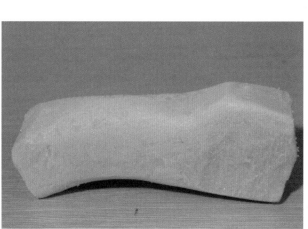

图 2-59、图 2-60　电焊枪把手模型制作过程 1／拍摄资料

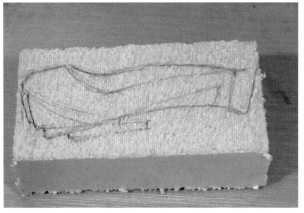

图 2-61、图 2-62　电焊枪把手模型制作过程 2／拍摄资料

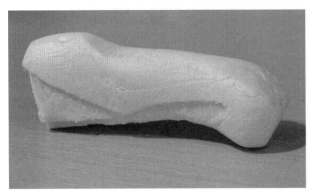

图 2-63、图 2-64　电焊枪把手模型制作过程 3 / 拍摄资料

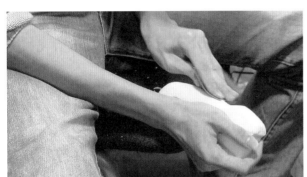

图 2-65、图 2-66　电焊枪把手模型制作过程 4 / 拍摄资料

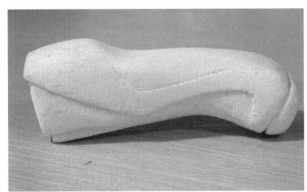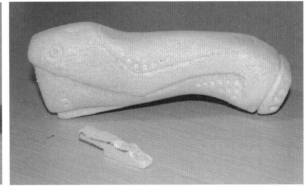

图 2-67、图 2-68　电焊枪把手模型制作过程 5 / 拍摄资料

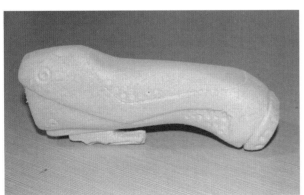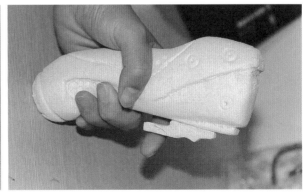

图 2-69、图 2-70　电焊枪把手模型制作过程 6 / 拍摄资料

3. 实战程序　车用手持式吸尘器模型制作

本章节的任务实施环节结合一款流线型的便于清洁家用汽车环境的"车用手持式吸尘器"项目，分 8 个任务步骤实施，案例中的吸尘器是手持式的，吸尘器的把手部分的粗细尺度以及吸尘器吸头部分与接触面的角度都需要有实物参照、实验才能更好地确定实物产品的比例关系。为了使设计细节更加完善、形态更加优美，同时使用过程更加舒适，更加符合人机工程学要求，所以要通过草模的方式来探讨以上的设计细节问题。本节就各任务中的代表性教学内容进行对应示范。

1）任务一　明确模型制作的目的、确定模型比例与模型图纸（2 课时）

① 实训目的

A. 明确车用手持式吸尘器草模制作目的为推敲设计细节；

B. 通过草模感受吸尘器把手部分的粗细尺度以及吸尘器吸头部分与接触面的角度；

C. 草模以 1 : 1 的比例制作完成，方便人机工学研究。

② 实训内容

A. 经过一系列的草图之后初步确定了一个形态方向；

B. 深入分析产品的各个功能部分；

C. 根据设计效果图，计算尺寸并准备好精确的三视图图纸。

D. 任务实施示范：如图 2-71 至图 2-73。

2）任务二　分析、分解模型并准备模型制作材料（0.5 课时）

① 实训目的

A. 分析车用手持式吸尘器的形态与结构，确定制作程序；

B. 分析产品形态，确定制作材料；

C. 分析产品草模制作方法，综合利用多种材料、方法达到目的。

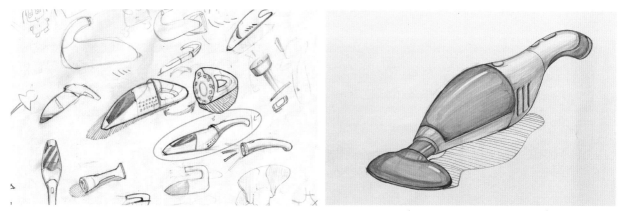

图 2-71、图 2-72　车载手持式吸尘器模型设计草图 1 / 拍摄资料

② 实训内容

A. 确定将吸尘器模型分解为两个部分来分别完成，再进行组装；

B. 吸尘器的外形基本是流线型，以油泥材料表现这种多曲面的产品形态；

C. 产品尺寸较大，如果全部用油泥来制作一则耗费油泥较多，成本较高，二则最终草模会非常重，不利于实验操作，有断裂的危险，不能达到以手来操作、反复实验的目的，因此草模龙骨采用泡沫制作，外层为油泥材料；

D. 准备模型制作的相关材料。

E. 任务实施示范：如图 2-74 至图 2-76。

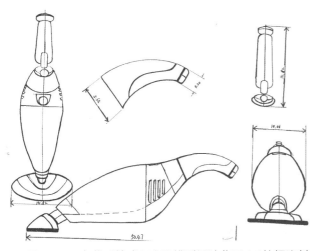

图 2-73 车载手持式吸尘器模型设计草图 2 / 拍摄资料

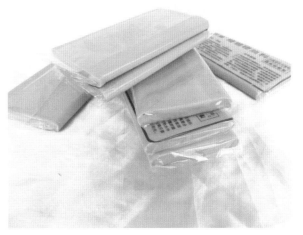

图 2-74 油泥材料 / 拍摄资料

图 2-75、图 2-76 车载手持式吸尘器模型制作分析及材料准备 / 拍摄资料

3）任务三　龙骨制作（2课时）

① 实训目的

A. 了解龙骨制作的目的；

B. 熟练掌握龙骨制作的方法。

② 实训内容

A. 以泡沫塑料为材料进行龙骨制作；

B. 了解龙骨制作过程中的尺寸与固定方法。

4）任务实施示范

① 确定龙骨尺寸

作为油泥模型的内部龙骨，一般其尺寸应小于图纸尺寸，留出油泥层的余量，根据模型的体量大小控制油泥层厚度在 10～50mm。

② 切割龙骨基本型

根据计算尺寸在准备好的泡沫塑料材料上分别画出手持吸尘器机身的大致形态以及吸头的大致形态，对泡沫塑料进行切割，注意切割过程中被切割的面要保持平直（如图 2-77）。

③ 确定龙骨型

使用不同的金属锉对切割的部位进行锉削加工，细化造型形态（如图 2-78、图 2-79）。

④ 固定龙骨型

因为龙骨是由几块泡沫塑料粘合的，经过加工后局部有些形态变得纤细、修长，为了防止后续涂抹油泥后龙骨承受压力过重而断裂，所以需要将龙骨进行加固。简单有效的办法就是在泡沫塑料内部穿插一定数量的竹签，根据形态以及受力的可能性，分别在吸尘器的机身和尾部插入竹签，防止龙骨变形（如图 2-80 至图 2-82）。

5）任务四　形体塑造（6课时）

① 实训目的

A. 掌握油泥贴敷方法；

B. 熟练掌握油泥刮、削等常用方法。

② 实训内容

A. 以油泥贴敷在龙骨上；

B. 通过工具粗刮油泥，塑造产品大的形态。

6）任务实施示范

① 贴敷油泥

先用风筒将油泥烘吹软化（如图 2-83 至图 2-85），然后将软化的油泥以手指按压在龙骨上，得到平整的大轮廓油泥型（如图 2-86 至图 2-88）。

② 粗刮油泥

经过进一步的按压后，准备开始分别刮制吸尘器的机身与吸头部分。可以根据需要分别选用不同厚度的金

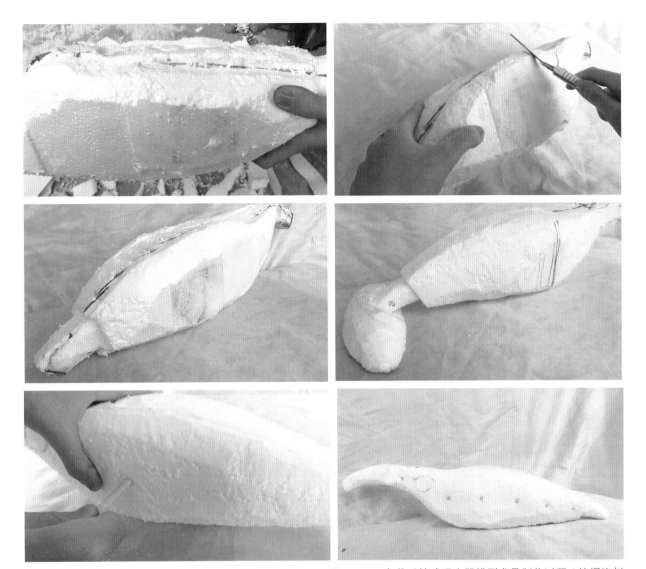

图 2-77 至图 2-82　车载手持式吸尘器模型龙骨制作过程 / 拍摄资料

属刮板来刮削油泥表面，动作要流畅、舒缓、均匀。注意粗刮的过程中不断参照设计图纸，避免油泥被过度刮削（如图 2-89 至图 2-91）。

以同样的方法制作吸尘器的吸头部分（如图 2-92、图 2-93）。

7）任务五　精细处理草模（4 课时）

① 实训目的

A. 借助工具制作草模使其尺寸更加准确；

B. 使得设计的细节在草模上刻画的更加精细。

② 实训内容

A. 测量与定位；

B. 细节刻画与表现。

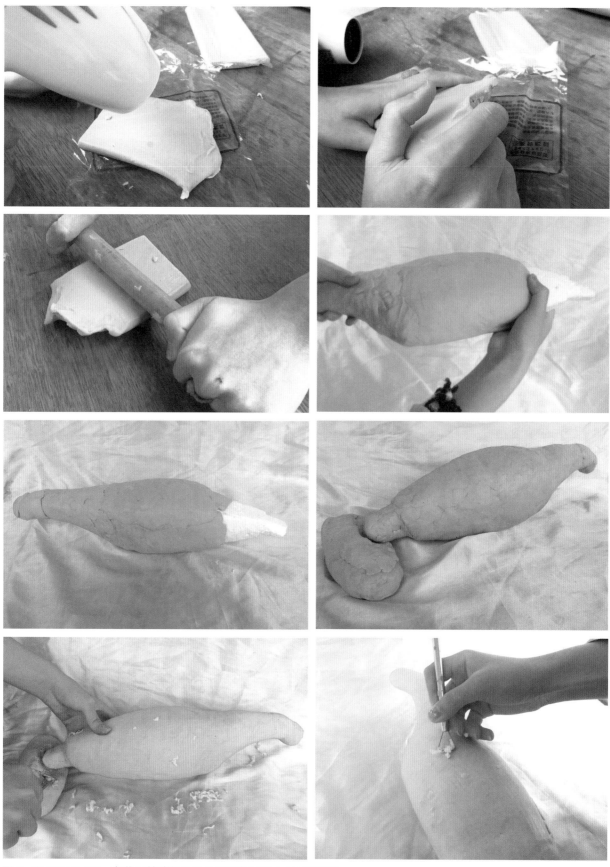

图 2-83 至图 2-90　车载手持式吸尘器模型制作过程 1 / 拍摄资料

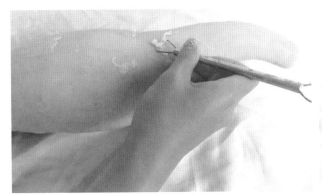

图 2-91、图 2-92 车载手持式吸尘器模型制作过程 2 / 拍摄资料

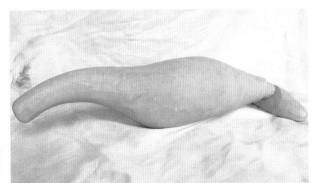

图 2-93、图 2-94 车载手持式吸尘器模型制作过程 3 / 拍摄资料

8）任务实施示范

① 测量与定位

经过反复的刮、推敲后，可以借用软尺来测量草模大型与设计图纸的相符合程度（如图 2-94 至图 2-96）。

还要根据设计效果图与图纸，在草模上定位吸尘器的开关、卡位、开模线等结构细节，为进一步的刻画做准备（图 2-97、图 2-98）。

② 细节刻画与表现

沿前面画好的线进行精细加工，精细刮削时力度要小，刮刀不要下得太深，可以使用小的、尖锐的刀口进行。同时，进行精细加工不要急于求成，应该反复多次雕琢（如图 2-99、图 2-100）。

9）任务六 模型组装（2 课时）

① 实训目的

A. 借助工具拼合模型的不同零部件；

B. 通过不断修整使模型呈现整体、完善的设计效果。

② 实训内容

A. 拼合模型；

B. 衔接口处理；

C. 整体效果修饰。

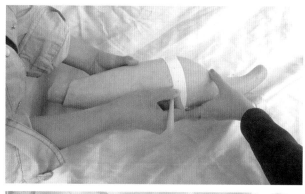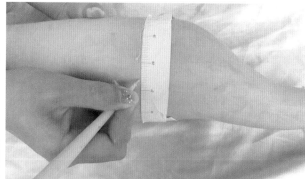
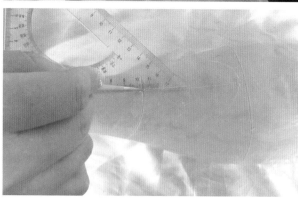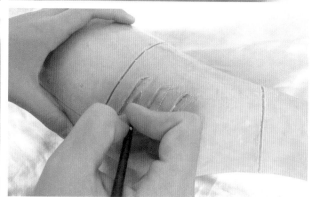

图 2-95 至图 2-98　车载手持式吸尘器模型制作过程 4 / 拍摄资料

10）任务实施示范

① 拼合模型

将分别制作好的吸尘器机身与吸尘器吸头通过竹签的方式拼合，注意拼接的角度与设计图纸的对应（如图 2-101）。

② 衔接口处理

将软化好的油泥涂抹在衔接口处，并用刀进行大的切割，再用刮刀等工具进行精细刮削，使衔接口光滑、顺畅，符合设计效果（如图 2-102、图 2-103）。

③ 整体效果修整

此时吸尘器草模已经初步完成，可以通过多个角度的观察、测量来进一步评判草模与设计图的相符程度，并对整体草模进行再一次的刮削与平整等修饰工作。

④ 完成车用手持式吸尘器草模制作

制作完成车用手持式吸尘器草模（如图 2-104），可以通过草模初步检验手持操作的的感受。

11）任务七　推敲设计、修改草模（1 课时）

① 实训目的

A. 通过草模形态观察设计的外观效果；

B. 通过操作感受设计的人机关系等设计细节是否合理；

C. 通过以上分析，总结草模优缺点，修改设计细节。

② 实训内容

A. 以手操作草模；

B. 总结设计优缺点；

C. 调整草模效果。

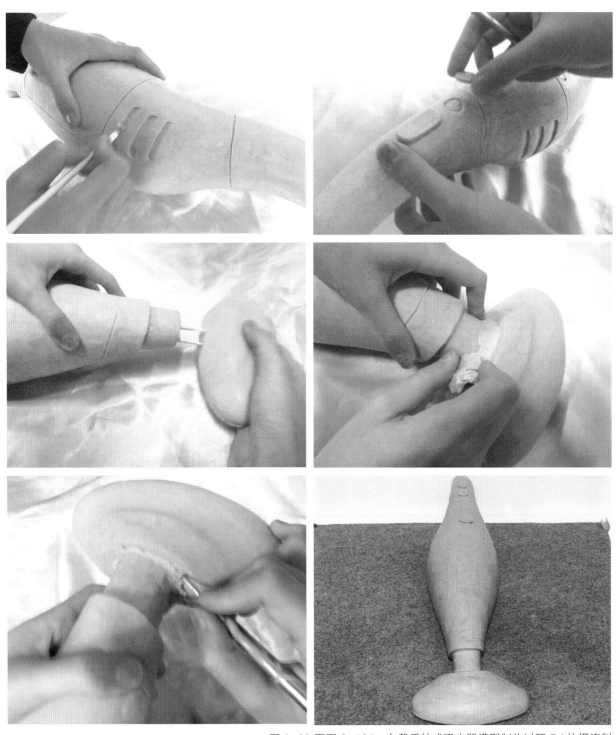

图 2-99 至图 2-104 车载手持式吸尘器模型制作过程 5 / 拍摄资料

12）任务实施示范

① 观察草模形态

通过观察制作完成的草模（如图 2-105、图 2-106），分析设计的形态是否流畅，是否达到设计预期效果。

② 以手操作草模

因为是手持式产品，所以应用手来把、握、持这件产品，分别找来男性和女性来模拟手持产品，分析男、女不同手掌大小、握力大小的情况下吸尘器的尾部尺度是否合适；吸尘器的吸头在手持操作过程中的角度是否合适（如图 2-107、图 2-108）。

③ 调整草模

如果在操作过程中发现有不合理的地方就应该调整设计，包括设计效果与人机工学等方面，然后再次进行草模制作以验证设计。

如需再次调整、制作草模请参考以上实战程序过程。

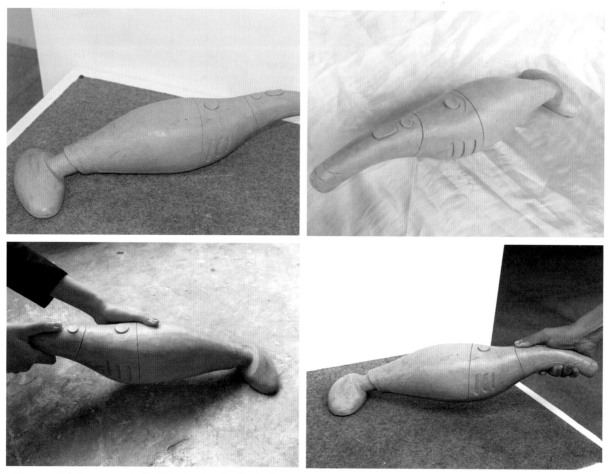

图 2-105 至图 2-108　车载手持式吸尘器模型制作过程 6 / 拍摄资料

第二节　项目二　展示模型制作

1. 训练要求

▶▶ 项目介绍

展示模型是产品设计的重要表现与评估手段，因此学会制作展示模型也是学习工业设计专业学生必须掌握的专业技能。此节将分别讲解展示模型制作常用的材料与工艺并进行实际操作。

1）项目名称：展示模型制作

2）项目内容：以塑料为主要材料进行展示模型制作练习

3）项目时间：24 课时

4）训练目的：通过动手制作模型，能够利用模型制作的相关工具并且能够熟练掌握模型制作的方法，提高工艺分析能力、产品结构理解能力，能够利用各种手段达到理想的展示模型效果。

5）教学方式：A. 理论教学采取多媒体集中授课方式；
B. 实践教学采取在模型工厂内进行实操方式；
C. 以子任务的方式分解制作工序，理论实践相结合。

6）教学要求：A. 多采用实例教学，选材尽量新颖；
B. 作业要求：以塑料为主要材料制作一件生活用品模型；
C. 配合其他材料制作模型的其他相关零部件。

7）作业评价：A. 表现性：展示模型的表现效果；
B. 完整性：展示模型制作的形态流畅、比例和谐、设计细节表现与整体效果的完整性；
C. 合理性：正确使用工具制作展示模型、制作工序合理。

展示模型是常用的展示设计效果、评估设计水平的方法与手段，也是学生学习模型制作的重点内容，本节将着重讲述展示模型制作的相关知识并重点介绍塑料模型的制作方法与加工工艺。

2. 知识点

1）展示模型制作概述

① 展示模型的概念

展示模型也叫表现性模型，是以展示设计效果为目的的仿真模型，一般以能表现产品最终的真实形态、色彩、表面材质为主要特征。展示模型要求能够表达设计师的设计意图，突出设计的价值。

展示模型一般没有实际功能，一些电子产品等也没有机芯，往往以表现产品的外观形态为主，比例也可以根据需要制作成等比例的或是缩小比例的，目的是方便制作的同时也能够起到展示设计效果的目的。例如一个体积较为小型的电磁炉我们往往采用1：1的比例来制作模型（如图2-109），而类似于厨房内的冰箱或是整体橱柜等体积较大的产品往往采用1：2或1：3的缩小比例模型，而汽车模型常用1：5的比例来制作（如图2-110）。这些模型的制作材料一般和实际产品有所不同，通常采取模拟真实材料的质感或效果来完成，而塑料的种类多样和不同性能，经常被利用来制作展示模型。展示模型一般在结构和工艺处理上都是通过模拟实际产品效果来制作，并不一定具有真正的结构和工艺处理意义。

图 2-109　等比例电磁炉模型 / 拍摄资料　　　　　图 2-110　1：5汽车模型 / 拍摄资料

② 展示模型制作的意义

A. 产品设计展示交流

产品设计的类别广泛，设计内容涵盖情感、文化的众多主观元素，而产品的外形设计通常是难以用语言描述的。设计师一般由某企业或是某机构委托其进行设计，由于委托设计方通常没有经过专业的设计训练，不善于将某些效果图或者表现简略的草模想象成真实的产品效果，因此往往采用仿真模型来进行设计沟通与探讨，方便设计委托方提出意见与建议。

一些大胆的、原创的、概念性的设计，往往也通过展示模型来表现其设计的构思与意境，这在国内外各种竞赛或是设计展上也经常出现，在这里，展示模型起到了设计思维交流的作用，设计师以物化的、客观存在的实体形式来呈现较为虚无的设计概念，在设计师与设计师之间、设计师与委托方之间、设计师与普通民众之间，搭起了一座沟通的桥梁。

B. 产品设计效果验证与评估

只依赖于设计效果图对于设计效果进行评估，通常会欠缺了一部分实际效果的考虑，而如果用真正的生产成品来进行评估又往往耗时耗力，简单的对于设计效果的评估办法即是展示模型评估法，尤其是一些用于研讨、学习交流过程中的模型，展示模型能够以突出设计效果为目的进行设计成果展示，方便设计效果的验证与评估，而在企业的生产实践过程中，为了更加准确地把握产品的设计效果以及生产工艺、结构关系等具体生产问题，企业一般会采用手板样机的办法来进行设计效果评估。

目前在我国大专院校内，多数设计院校的学生作品都通过展示模型的最终效果来作为评估设计成果的手段之一，各院校的毕业设计或是国际国内各类型的设计大赛也往往将展示模型效果作为评估的参考因素。在实践中，展示模型用于产品设计效果的验证与评估广泛实施并切实可行。

2）展示模型常用的塑料材料特性及加工方法

展示模型作为大专院校内常用的设计表现手段，已经得到了越来越多的关注，模型制作的手段也随着机器的不断改进、制作工艺的不断改良而越发完善，制作效果也更加精良。

由于展示模型对产品表面的装饰效果要求很高，需要充分展现产品设计的形态与色彩、表面肌理与质感，所以许多展示模型大都采用塑料材料来制作。用塑料加热成型的模型具有表面效果好、强度高、视觉表现性好、保存时间长等特点，塑料模型适合于展示模型的制作，但塑料材料的加工成型需要一定的工具和设备，特别是在曲面的成型过程中，成型工艺比较复杂，并且材料成本较高，对模型制作人员的技术要求也较高。塑料材料所具有的优点，通常是木材、金属、石膏等不可替代的。尤其在模型制作中选择一种材料的时候，必须反复考虑模型的尺寸，一旦材料选定，就要考虑用这种材料来获得所需产品尺寸的可行的制作工艺流程，模型所要表达的功能、结构，通过模型想要传递的设计要素，模型最终表现的形态，色彩的效果，以及设计通过模型所要体现的最终的立体表达效果，综合考虑以上的因素，塑料模型不失为最佳的模型表现形式。下面将详细探讨塑料模型的成型过程。

① 塑料的分类

塑料常用的分类方法主要有两种，即按热变形性质分类与按用途分类。按热变形性质分类：根据受热变形性质，塑料可分为热塑性塑料和热固性塑料两类。

热塑性塑料：以热塑性树脂为基本材料成分的塑料称为热塑性塑料。加热时这种塑料能受热熔融，塑化成型，冷却后硬化定型，这一过程可反复进行，直至塑料分解为止。在反复塑制过程中，塑料只发生物理变化。

热固性塑料：以热固性树脂为基本材料成分的塑料称为热固性塑料，热固性塑料在加热时软化，熔融，塑化成型，高分子间产生化学关联反应，冷却固化则不再熔融，再加热不软化，直至塑料分解为止。

按塑料的用途分类：根据塑料的应用，可分为通用塑料、工程塑料和特种塑料。

通用塑料：指产量大，价格低，应用较广的一类塑料。常用的热塑性塑料有聚氯乙烯（PVC）、聚乙烯（PE）、聚苯乙烯（PS）、聚甲醛（POM）等；热固性塑料有酚醛塑料（PF）和氨基塑料（UF）等。通用塑料的产量约占塑料总产量的80%以上。

工程塑料：一般指力学强度较高、耐磨、耐腐蚀、耐高低温、电性能及尺寸稳定性等综合性能良好、可代替金属的一类塑料。常用的品种有聚酰胺（PA)、聚碳酸酯（PC）、丙烯腈－丁二烯－苯乙烯（ABS），酚醛塑料（PF）等。

特种塑料：指具有特殊性能和用途的塑料，如具有优异的耐化学腐蚀性的聚四氟乙烯（PTFE）、耐高温性能优良的聚酰亚胺（PI）、透明性好的聚甲基丙烯酸甲酯（PMMA)等。

下面将详细讲述展示模型制作中常用的塑料材料以及加工方法。

② 常用塑料材料特性

A. PVC 材料

PVC 材料即聚氯乙烯，它是世界上产量最大的塑料原料之一，价格便宜，应用广泛，聚氯乙烯树脂为白色或浅黄色粉末。根据不同的用途可以加入不同的添加剂，聚氯乙烯塑料可呈现不同的物理性能和力学性能。在聚氯乙烯树脂中加入适量的增塑剂，可制成硬质、软质和透明制品。在模型设计制作中常用的是硬质的 PVC。

聚氯乙烯（PVC）是一种阻燃，化学稳定性好，只产生低张裂内力的材料。同时其材料特性还包括高强度、高刚度和高硬度，工作温度范围从 −15℃到 60℃，且可粘接，可焊接。

PVC 主要特性：耐腐蚀强，最适用于化学工业之防蚀性设备；加工容易，切断、焊接、弯曲均极简易；高强度、高刚度和高硬度；良好的电气绝缘性；化学稳定性好；可自熄灭；低吸水性；易粘接，易油漆。价格低廉，但是其结构密度不高。

PVC 板有很多颜色，厚度有 0.5mm、1mm、2mm、3mm、5mm 等多种选择，在模型设计制作中常用的是灰色的、硬质的 PVC（如图 2-111、图 2-112）。

由于 PVC 塑料板材材料廉价，易于获得，加工方便，所以很多高校内的展示模型都以此材料来制作。

图 2-111、图 2-112　PVC 板材与管材 / 拍摄资料

B. PMMA 有机玻璃材料特性

PMMA 是以丙烯酸及其酯类聚合所得到的聚合物，统称丙烯酸类树脂，相应的塑料统称聚丙烯酸类塑料，其中以聚甲基丙烯酸甲酯应用最广泛。聚甲基丙烯酸甲酯缩写代号为 PMMA，俗称"有机玻璃"，有极好的透光性能，可透过 92% 以上的太阳光，紫外线达 73.5%；力学强度较高，有一定的耐热耐寒性，耐腐蚀，绝缘性能良好，尺寸稳定，易于成型，质地较脆，易溶于有机溶剂，表面硬度不够，容易擦毛，可作要求有一定强度的透明结构件，如油杯、车灯、仪表零件，光学镜片，装饰礼品等等。在里面加入一些添加剂可以对其性能有所提高，如耐热、耐摩擦等。是迄今为止合成透明材料中性质最优异的。目前该材料广泛地应用于广告灯箱，铭牌等方面的制作。

有机玻璃的品种和规格有很多，常见的有透明和不透明之分。透明的有茶色、白色、蓝色等，不透明的有瓷白色、黄色、蓝色等颜色，但最常用的还是无色透明为主。有机玻璃本身具有一定的强度，冲击强度比无机玻璃高 7~18 倍，其重量轻，同样大小的材料，其重量只有普通玻璃的一半，因此用途十分广泛。

在产品模型制作过程中，有机玻璃可以采用锯、锉、钻、磨等机械加工方法成型，也可以采用热塑成型的方法进行加工。有机玻璃可以用三氯甲烷、丙酮、二氯乙烷粘接。

用有机玻璃制作的模型因其透明材料的特点，可以把产品内部结构、连接关系与外形同时加以表现，可以进行深入细致的刻画，具有精致的效果。但其不适合制作形态多变、曲面较多的模型。

有机玻璃常用在模型制作中的产品厚度有 1~10mm，还有直径 6~50mm 的棒材、管材可供使用。

在模型制作中，遇到一些需要表现透明质感的效果，常以此材料来制作（如图 2-113、图 2-114）。

图 2-113、图 2-114　PMMA 板材 / 拍摄资料

C. ABS 材料特性

丙烯腈 - 丁二烯 - 苯乙烯塑料简称 ABS，是一种工程塑料，它是由丙烯腈（A）、丁二烯（B）和苯乙烯（S）聚合而成的线型高分子材料。ABS 塑料充分发挥了三组元素的各自优良特征，如丙烯腈的刚性、耐热性和耐化学腐蚀性，丁二烯的抗冲击韧性，苯乙烯的易加工性和易着色等。

塑料 ABS 板显色为不透明的浅象牙色或瓷白色，力学性能良好，有一定的坚韧性，并有良好的电绝缘性能；ABS 板表面硬度高，形态尺寸稳定，可进行车、铣、刨、钻、锯等切削加工；表面经抛光或打磨后喷漆效果好，根据需要还可以进行丝网印刷、喷绘、电镀等加工；有良好的化学稳定性，不溶于醇类和烃类溶剂，可采用丙酮和氯仿溶剂作为粘接材料；ABS 塑料耐热性较差，加热后可软化塑造，其热变形温度为 78℃~85℃。烘烤压模成型的温度控制在 120℃~170℃。

ABS 塑料本来就是现代工业产品的材料，所以 ABS 塑料模型在感观上能表达出接近产品的真实性，并且产品模型与真实的产品外观设有没有明显区别。因此，ABS 塑料在模型制作中占有重要地位，可以说它是最佳的模型表现形式。

ABS 塑料的主要品种有板材、卷材、棒材、管材，常用在模型制作中的是各种厚度的板材（如图 2-115、图 2-116）。

ABS 塑料制作的模型效果好，几乎所有的手板模型公司都以此材料为主要的制作原料来进行模型表现。

③ 塑料模型的加工工具

在叙述塑料模型的成型过程之前，首先要介绍模型制作所用的材料与工具。塑料模型制作技艺在模型制作

图 2-115、图 2-116　ABS 板材 / 拍摄资料

中外型在感观上能表达到接近产品的真实感，这与塑料本身的特性以及目前多种方便的加工工具密切相关如图（图 2-117 至图 2-122）。

④ 按形态、材质分别制作塑料模型

在模型制作过程中，我们通常先分析设计图纸，包括设计效果图、尺寸图等，然后根据设计的产品形态、材质等相关因素来将产品进行分解，再分别制作不同的产品组件，最后将产品进行组装并修饰调整以得到一个精美的展示模型。

下面将根据在实际的模型制作过程中，分解不同的形态、材质的方法来介绍展示模型制作的相关知识。

A. 平面及体块形态

在模型制作的过程中首先应分析产品的整体形态，遇到一些在二维空间内较为平、直的平面形态或是由多个二维空间内平面的形态组合的体块形态，可以通过以下几种方法进行加工：

a. 开料：塑料模型制作的第一步是开料。在开料前必须按照制作对象的形态，通过分解，绘制出每个立体部分的展开图、平面图，并对每个平面图、展开图标注详细的尺寸，如图 2-123、图 2-124 所示的飞机

图 2-117　钻铣床 / 拍摄资料

图 2-118　烘箱 / 拍摄资料

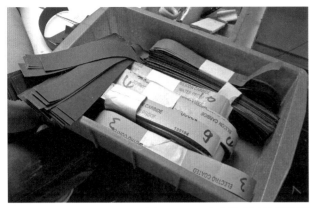

图 2-119　水磨砂纸／拍摄资料

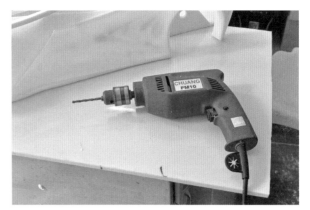

图 2-120　手持电钻／拍摄资料

图 2-121、图 2-122　各种精细加工工具／拍摄资料

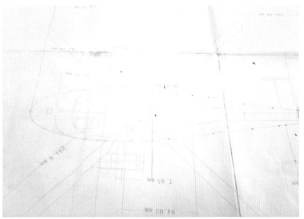

图 2-123、图 2-124　开料过程 1／拍摄资料

模型的制作尺寸图，依照平面图、展开图在材料板上画出形体轮廓，如图 2-125 所示。在切割线性平面时，应按照要求的尺寸用刀具来准确划线。与其他材料不同，那种事事均有留加工余量的做法在塑料模型制作中是不可取的。划线时，刀刃必须垂直于加工材料面，如图 2-126 所示，另一只手按紧钢尺，用力划线，如图 2-127 所示；续划，当划痕深度超过板材厚度的一半时将板上划好的线，对齐操作台的边缘，一只手按紧板，另一只手沿着操作台边缘的另一方向用力往下按压，这时板材会沿着刀刃划线处准确地断开，如图 2-128 所示，也可以使用手工锯沿直线边缘进行锯割，如图 2-129 所示，或者通过线锯进行切割，如图 2-130 至图 2-132 所示，这一步被称为开料。

图 2-125、图 2-126　开料过程 2／拍摄资料

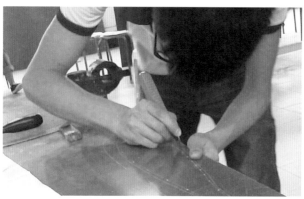

图 2-127、图 2-128　开料过程 3／拍摄资料

图 2-129、图 2-130　开料过程 4／拍摄资料

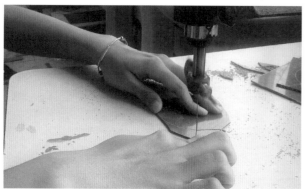

图 2-131、图 2-132　开料过程 5／拍摄资料

对于曲线的尺寸要采用金属的划线工具来完成准确划线的工作。对于曲线的开料，则不能直接用手来完成，而要借助于线锯来沿曲线走势锯开，以取得必要的、准确的形体。

值得特别强调的是：线必须准确，开料必须到位，不留加工余量；在选择塑料板材的厚度时，应根据模型的大小、所需要的强度以及加工时的难易程度来决定。在满足需要的前提条件下，一般尽量采用厚度比较薄的板材。

b. 开孔、铣槽：如果需在板材上打孔或开槽，可以在钻铣床上安装不同直径的钻头或铣刀进行钻孔、铣槽等加工操作，打孔前将零件夹紧固定，如果设有办法固定零件，则必须扶稳、扶牢方可进行操作，开大孔可以用线锯切割（如图2-133、图2-134），在对一些细小的孔、洞进行制作时，可以将零件夹持在台钳上，然后将等比例画好的图纸粘贴在零件上，通过手持电钻以细小的钻头来慢慢、反复进行钻、切。

注意在钻孔、铣槽时留有一定的余量，然后再进行精细的打磨等处理，以避免过度切割破坏零件。打孔或铣槽的过程中注意经常用毛刷蘸水冷却加工部位并及时清除钻、铣屑。特别提出注意的是，要打通的孔在即将打透时进刀量要减小，防止将板材打裂。

c. 修边：开料后产生的零件往往比较粗糙，零件的边缘比较粗糙且没有达到图纸尺寸要求，这时需要进行精细加工。使用金属板锉、什锦组锉、修边机等工具可对粗坯工件的内、外轮廓边缘进行倒角、倒圆、修平等加工处理，逐渐加工至轮廓界线达到形状要求。如图2-135至图2-138进行加工，使得模型的各部分零件尺寸经修整后准确无误。

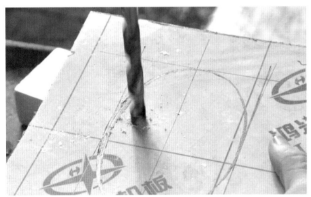
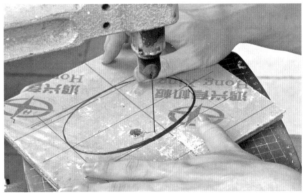

图2-133、图2-134 钻孔过程 / 拍摄资料

图2-135、图2-136 修边过程1 / 拍摄资料

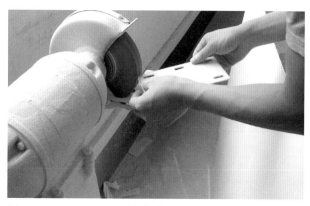

图2-137、图2-138　修边过程2 / 拍摄资料

d. 粘接：在塑料模型的制作过程中，模型的大部分部件是靠同种塑料粘接而成。PVC 板材料常用 502 胶水（如图 2-139）来进行粘接。粘接有机玻璃和 ABS 塑料板可采用三氯甲烷（也称氯仿）作为粘接剂（如图 2-140）。

在粘接过程中，应先把塑料部件固定好，然后用 502 胶水注入连接处，量不能过多，稍等片刻后，部件即可粘牢（如图 2-141、图 2-142）。

在粘接剂挥发、固化的过程中，应使用相应的夹子夹紧胶粘的部位。注意粘接边、线、面时，部件一定不要用手夹持，一是不移，二是 502 胶水流溢出来会粘连手指与模型要用夹具夹紧，否则将会造成翘曲现象。粘接时所有粘接部件都要非常干净，不能有油脂或脏污的痕迹，若部件的粘接处要承受很大的外力，就要为粘接处提供更多的结构支撑。

e. 拼合模型：在分别制作了模型的零件之后，可以将模型的零件进行拼装、粘接，以得到大的体块关系的模型外形，如图 2-143、图 2-144 所示，大块面拼装后的空气净化器模型效果。

f. 模型的表面整饰：在对塑料模型进行喷漆处理前，应先用细砂纸将模型打磨一遍（如图 2-145、图 2-146），去掉模型表面的油脂或脏污，然后用腻子填补粘接的缝隙和缺陷处（如图 2-147），再用细砂纸等工具对模型进行打磨。这一过程有时需反复多次。对于影响喷漆处理的表面颗粒、刮痕或起毛现象，需要用水砂纸蘸肥皂水轻轻打磨处理（如图 2-148），使整饰后的模型的表面光滑平整，然后才能进行喷漆上色。

B. 曲面形态
想要制作漂亮、有真实感的模型，仅靠平面形态、粘接、拼合等手段是很难做到的，尤其是一些曲面的效果可以利用塑料在高温时具有弹性的属性，通过热弯、弯曲、拉伸、真空成型等塑制成型的办法来完成多种曲面、复杂形态的模型效果。

弯曲塑料一般都需要加热。重要的是要慢慢地、非常小心地进行。不要扭伤了材料，要等到材料加热到足够温度时，才进行操作。不过，由于塑料介于固态和融熔状态之间的温度范围相对比较小，所以加热时要小心，不要加热过度，否则会产生气孔，致使材料组织疏松。

手工展示模型制作中多采用模具压制的方法加工成型。

图 2-139　502 胶水 / 拍摄资料

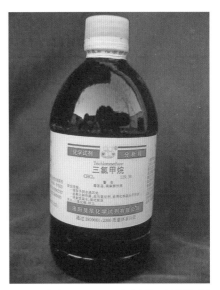

图 2-140　三氯甲烷 / 拍摄资料

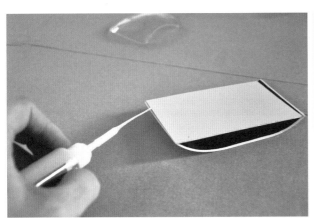

图 2-141、图 2-142　粘接过程 / 拍摄资料

图 2-143、图 2-144　模型拼合过程 / 拍摄资料

图 2-145、图 2-146　模型表面整饰过程 1 / 拍摄资料

图 2-147、图 2-148　模型表面整饰过程 2 / 拍摄资料

a. 开料：当切割的材料用于制作曲面时，可根据平面图、展开图，按实际尺寸适当地放出加工余量，以便于以后的压模、精加工之用。

b. 板材单一曲面弯折成型：简单的弯曲就是只进行单一的、一次性的弯曲。例如做一个两个面相交形成的角，可用细木工板或中密度板等材料按照角度做成模具，弯折模展开的长宽尺寸要大于零件的长宽尺寸。在开料后的 PVC 板材上需要弯折的部位画出痕迹，将转折线对齐、对正折弯模的折弯位，夹紧在折弯模上，用热风枪来回移动均匀加热折弯位，当板材受热变软后将其折弯并将其夹紧固定，用刷子将冷水涂抹于折弯位上给其降温。冷却定型后取下折弯模，形成了弯曲的板材。

c. 板材多向曲面压热成型：多向曲面形态的成型过程相对复杂，需要借助事先制作好的原型翻制压型模具，通过模具将加热软化的塑料板材压制成曲面形态。

⑤ 制作压型模具
首先，用黏土或油泥等材料制作出标准的曲面形态（制作方法可参考第二章第一节草模制作中的泥模型制作过程），再使用石膏材料制作压型模具（第二章第一节草模制作中的石膏模型制作反求成型中的负型制作方法），得到需要压制模型（如图 2-149 所示飞机模型的曲模型的头部压制模型）。

⑥ 制作压模板
在一般的手工模型制作中，还要制作压模板，以方便成型。通常采取有一定厚度和耐力的细木工板来制作压模板，注意压模板的尺寸要比模型的尺寸大出一点点，以留有塑料板的厚度。如图 2-150、图 2-151 所示加工制作压制模板。

图 2-149　飞机头部压模模型 / 拍摄资料

图 2-150　制作压型模板过程 1 / 拍摄资料

图 2-151　制作压型模板过程 2 / 拍摄资料

图 2-152　热压成型过程 1 / 拍摄资料

⑦ 热压成型

在烤箱中将塑料板加热软好到模塑温度后将其取出，迅速放置在石膏模上，将压模板放在塑料板上，向下施加足够的压力，使塑料板塑变成型，如图 2-152 所示。保持压力一定时间，直至塑料降低到一定温度后，将塑料板材从模具中取出，为了确保形状不发生变化应该继续放入冷水槽中继续冷却成型。

⑧ 修剪模型

通常为了制作多曲面模型都会选择留有一定的余量进行开料，所以热压成型后的塑料板材往往也会留有一定的多余材料，将曲线锯沿压制成型曲面边缘将多余的部分切割下来，也可以利用各种修剪方法将其修剪成最终所需形态（如图 2-153），并进行打磨（如图 2-154）。

⑨ 开孔、铣槽

经过热压成型后的模型如需开孔、洞，可以在其表面绘制出所需形态（如图 2-155），然后用手持电钻进行开口（如图 2-156），在经过打磨等工序，得到所需的形态（如图 2-157）。

⑩ 塑料表面抛光处理

塑料在加工过程中表面会出现划伤现象，可用抛光设备进行抛磨（如图 2-158）能产生非常光滑、明亮的效果。

3）透明效果

展示模型制作中常用有机玻璃来制作透明材质的效果。

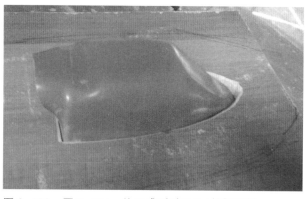

图 2-153、图 2-154　热压成型过程 2 / 拍摄资料

图 2-155、图 2-156　飞机头部模型制作过程 / 拍摄资料

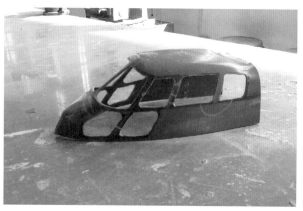

图 2-157、图 2-158　飞机头部模型制作过程 / 拍摄资料

① 开料

与 PVC 塑料板材的开料方法基本相同，如图 2-159 所示，先制作模型的尺寸图，然后将尺寸图绘制于有机玻璃上（如图 2-160）所示，再用勾刀进行划刻（如图 2-161、图 2-162）所示，直至完成模型所需的形态零件。

② 模型拼接

可以通过粘结剂将平面的有机玻璃直接进行粘结，注意可以用一定的固定物品将粘结剂尚未完全干透的有机玻璃夹紧，以防止其变形、产生裂缝（如图 2-163、图 2-164）。

图 2-159、图 2-160　PMMA 开料过程 1 / 拍摄资料

图 2-161、图 2-162　PMMA 开料过程 2 / 拍摄资料

图 2-163、图 2-164　PMMA 拼接过程 / 拍摄资料

③ 板材多向曲面压热成型

用有机玻璃制作曲面，应先将有机玻璃的背纸去掉，以防止其加热融化于有机玻璃表面（如图 2-165）。

④ 制作压型模具与压模板

有机玻璃制作曲面的方法与前面介绍塑料的曲面成型方法基本一致，同样通过制作压型模具以及压模板来进行。先将有机玻璃加热到塑形温度（如图 2-166），然后利用前面塑料的曲面成型过程中所用到的飞机头部的压型模具以及压模板来制作（注意这里的透明窗口是放置在飞机外壳内的，所以尺寸应小于飞机外壳，因此，应利用工具适当将原有的压型模具缩小一定尺寸）。

⑤ 热压成型

用压模板将有机玻璃压制于制作好的压型模具上，并持续压制一段时间以防止变形。注意从烤箱取出的有机玻璃具有较高的热度，所以热压成型的操作过程应戴上手套，防止烫伤（图 2-167、图 2-168）所示。

⑥ 修剪模型

将已经定型后的有机玻璃从压型模具上取下，（图 2-169、图 2-170）所示，通过用刀切割或是电动线锯的方式将多余的材料去除（图 2-171），最终得到所需要的透明机窗效果（图 2-172）所示。

4）音乐烛台制作案例

根据音乐烛台设计效果图（图 2-173），准备等比例的尺寸图纸（图 2-174）以及所用材料。

将音乐烛台分解成不同形态的零件部分，分别制作。

音乐烛台的整体是一个圆柱体，可以考虑借助在五金店可以买到的多种尺寸的塑料管材，选取合适模型尺寸的一根管材（图 2-175），根据设计图纸（图 2-176），切割出音乐烛台的上半部分外轮廓，以及下半部分外轮廓（图 2-177、图 2-178）。

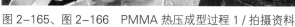
图 2-165、图 2-166　PMMA 热压成型过程 1 / 拍摄资料

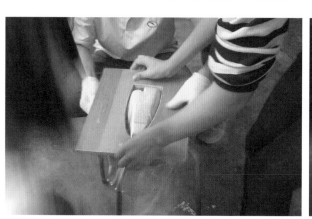

图 2-167、图 2-168　PMMA 热压成型过程 2 / 拍摄资料

图 2-169、图 2-170　PMMA 热压成型过程 3 / 拍摄资料

图 2-171、图 2-172　PMMA 热压成型过程 4 / 拍摄资料

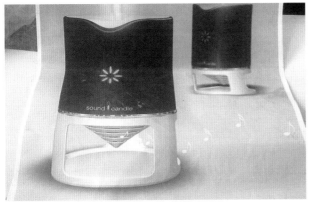

图 2-173、图 2-174　音乐烛台制作过程 1 / 拍摄资料

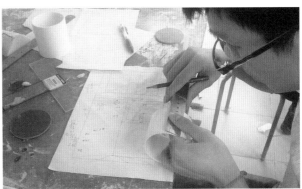

图 2-175、图 2-176　音乐烛台制作过程 2 / 拍摄资料

音乐烛台的上半部分有孔，需要以电钻钻孔并通过打磨（如图2-179），得到上半部的外壳（如图2-180）；下半部的外轮廓有镂空的部分，可以通过电钻进行割锯，然后用修边机进行打磨、修整（如图2-181、图2-182）。

接下来制作音乐烛台底座部分尖角的扩音器部分。

因为扩音器部分为圆锥体，所以需要通过热压成型的方法来制作，这就需要一个压型模具和压模板。前面讲到，在制作模型的过程中可以充分利用各种现有产品以简化制作工序提高模型效率，这里利用可乐瓶的

图 2-177、图 2-178　音乐烛台制作过程 3 / 拍摄资料

图 2-179、图 2-180　音乐烛台制作过程 4 / 拍摄资料

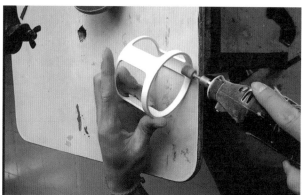

图 2-181、图 2-182　音乐烛台制作过程 5 / 拍摄资料

图 2-183、图 2-184　音乐烛台制作过程 6 / 拍摄资料

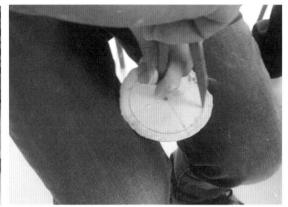

图 2-185、图 2-186　音乐烛台制作过程 7 / 拍摄资料

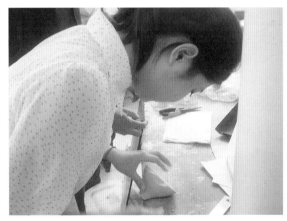

图 2-187、图 2-188　音乐烛台制作过程 8 / 拍摄资料

头部作为石膏材料的压型模具。先将可乐瓶头部合适的部位剪下，然后倒入石膏粉，待其晾干成型后将石膏取出（如图 2-183 至图 2-185），根据设计尺寸在石膏上面刻画出产品尺寸（如图 2-186），然后通过打磨、修整（如图 2-187）得到适合的产品尺寸（如图 2-188）。以细木工板通过铣槽、修边等工序制作压模板（如图 2-189、图 2-190）。裁制一块大于设计尺寸的塑料板，然后将其放入烘箱中（如图 2-191）加热到合适温度后，将塑料板覆盖于压型模具上（如图 2-192）再用压模板用力下压（如图 2-193），持续一段时间（如图 2-194）后待塑料板材冷却（如图 2-195），去掉压型模具和压模板后得到所需要的曲面形态（如图 2-196、图 2-197），以线锯切掉多余的材料并修边（如图 2-198），并将其固定在台架上，以手持电钻进行打孔并修整（如图 2-199），得到所需要的音乐烛台的扩音器部分（如图 2-200）。

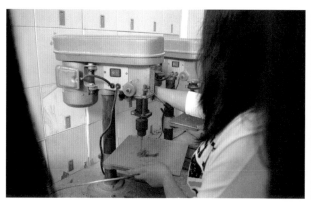

图 2-189、图 2-190　音乐烛台制作过程 9 / 拍摄资料

图 2-191、图 2-192　音乐烛台制作过程 10 / 拍摄资料

图 2-193、图 2-194　音乐烛台制作过程 11 / 拍摄资料

图 2-195、图 2-196　音乐烛台制作过程 12 / 拍摄资料

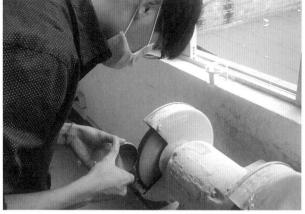

图 2-197、图 2-198　音乐烛台制作过程 13 / 拍摄资料

图 2-199、图 2-200　音乐烛台制作过程 14 / 拍摄资料

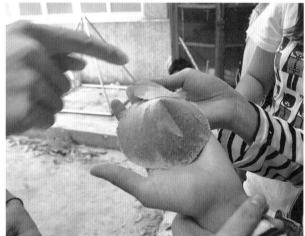

图 2-201、图 2-202　音乐烛台制作过程 15 / 拍摄资料

制作音乐烛台的顶部曲面。

参照上述制作音乐烛台扩音器的方法，同样利用现有的碗（如图 2-201）来制作压型模具并通过热塑成型的办法得到音乐烛台的顶部（如图 2-202）。

制作音乐烛台的底部。

根据尺寸以圆规在塑料板上画出形状（如图2-203），再以线锯切割并修饰（如图2-204），得到烛台底部的圆型。

至此，音乐烛台所有的零件都已制作完成（如图2-205），这时可以通过试装配检查模型的尺寸等细节问题，然后根据设计进行装配、打磨（如图2-206）、修整、喷漆（如图2-207、图2-208），得到最终的音乐烛台模型制作效果（如图2-209、图2-210）。

5）模型制作的后期表面处理

① 表面处理的意义

优秀的展示模型作品，除了能够真实地表达设计的意图，还需要优美的造型、柔和的曲线、协调统一的形态，更需要清晰的细部刻画、恰当的表面肌理处理和色彩、色泽、质感，这些都体现了对展示模型的表面处理修饰的重要性。

对于塑料模型的表面处理，可进行喷漆、电镀、丝印等处理，能够保证模型的设计与制作从形态、色彩到质感的完整性。同时对模型表面进行的细致的装饰性效果处理，也体现出设计师对产品设计的综合表达能力。尤其在产品样机展示促销宣传活动中，成为真实有力的设计表达手段，同时也提升了设计情感的价值，赋予了模型制作在产品设计过程中的重要性。

图2-203、图2-204　音乐烛台制作过程16／拍摄资料

图2-205、图2-206　音乐烛台制作过程17／拍摄资料

图 2-207、图 2-208　音乐烛台制作过程 18 / 拍摄资料

图 2-209、图 2-210　音乐烛台制作过程 19 / 拍摄资料

在塑料模型的表面处理中，可以根据不同的需求选择不同种类的材料和处理技术，以达到不同的表面处理效果。在这一小节里，将对常用的塑料模型表面处理技法进行介绍和探讨。

② 表面处理前的准备工作

要得到精致的模型，在涂饰前的表面打磨处理是一项非常重要的表面处理工序。表面处理得精细，在涂饰之后的模型自然精细和完整。不管采用何种方法制作成型的模型，表面往往不够平滑或留有刀痕、线痕，凹坑与刮痕。由不同的材料制作而成的模型部件彼此之间需要连接，在模型接缝处也会产生褶皱与起伏，所以在表面涂装、装饰之前就需要对模型的表面进行清理、修补、打磨等处理。

打磨修补处理必须要耐心，仔细，一次又一次，直至表面非常细腻、平整，以达到精致和尽善尽美。表面打磨处理时，首先必须检查模型各部分表面的光滑程度，如遇到凹坑、接缝、裂纹的地方必须先行用腻子修补。

塑料模型制作常用的腻子主要有：自调腻子与成品腻子两种，目前在展示模型制作的过程中主要采用苯乙烯腻子（又称原子灰）来对模型进行填补与修饰。

腻子可以用原子灰加上适量的固化剂，充分搅拌后得到（如图 2-211），如固化剂放入太多，腻子的固化速度快，就不能顺利施行修补工作。如固化剂加得太少，固化速度慢，在进行修补后，修补处的腻子需要很长的一段时间才能固化，甚至无法完全固化，导致修补失败。一般在缺陷处修补用的腻子必须稠一些。

在模型表面要求比较高的地方，如发现有刮痕、裂缝时，腻子必须调稀一些，调制好的腻子不可放置时间太长，否则会产生固化，而影响修补工作。修补缝隙时，可用塑料板削成一定的宽度，比要补处宽出约2cm，前端削成斜面的刮刀，如果修补的是弧面或不规则曲面最好是用橡皮刮刀，把调制好的腻子，刮补在要修补之处，把腻子填入要修补的缝隙处，并把表面刮平，去除多余的腻子，等待腻子干燥固化后就可以打磨。腻子一般的颜色为米黄色，固化时间视固化剂加入的多少而定。对于模型表面普通的凹坑刮补腻子，必须在第一次大面刮补时完成，腻子固化后，在凹坑处大都会有稍为凹陷的弧状现象，这是因为腻子在固化过程中会产生收缩现象，形成下凹的弧面。所以必须进行第二次刮补腻子，作业程序与第一次刮补过程一样。如果需要，还需重复进行多次操作，如此反复，直到表面完全平整，补腻子作业才算结束（如图2-212）。

图 2-211　调制腻子 / 拍摄资料

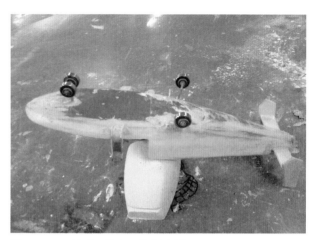

图 2-212　补腻子效果 / 拍摄资料

模型的表面经修补后，可使用 200 目的粗砂纸轻轻打磨，直到把表面打磨平整为止，最后再用细砂纸或水砂纸轻轻研磨，直到补过的腻子处与其他表面同样光滑平顺才算完成，这样就为后续进行喷漆、涂饰等操作打下良好的基础。

③ 表面色彩效果处理

喷漆及其喷漆工艺：模型表面的涂饰方法很多，在手工模型制作中一般常用涂刷法与喷漆法为最多，喷漆常用各色自喷漆或是使用空气喷枪来完成模型的表面颜色处理。

A. 使用自喷漆喷色

目前市场上有多种自喷漆可供选择，颜色也非常丰富，是展示模型常用的喷漆方法。使用自喷漆喷漆之前，应确保模型表面光洁无杂物，用力摇动自喷漆瓶，然后均匀喷涂模型各个面与局部。注意：喷漆过程要匀速移动，通过观察，发现喷涂不均匀的地方可以通过下一次喷漆过程逐渐覆盖（如图2-213、图2-214）。尤其注意不要在一个地方反复喷涂，反复喷涂极易造成流挂现象。

每次喷漆前应等待涂层干燥，再进行下次喷涂，还可用水砂纸打磨并再次喷涂，以达到理想的颜色效果。

当模型的表面需要喷涂两种或两种以上的颜色时，可以用低黏度的遮挡纸挡在不同于当前喷漆色的部位，然后再进行喷漆。

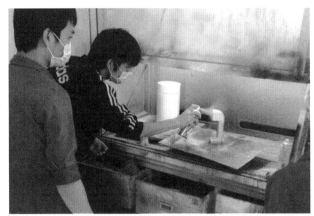
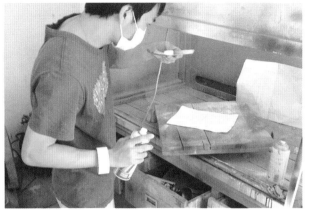

图 2-213、图 2-214　使用自喷漆喷色过程 / 拍摄资料

B. 使用空气喷枪喷色

自动喷漆虽然使用方便，但其色谱不齐全，变化少且无法调配，价格也高于普通的罐装油漆涂料。

使用喷枪（如图 2-215）进行喷漆常用的涂料为硝基涂料（如图 2-216），可以通过自行调配以得到预想的颜色效果。常用普通型硝基涂料和自喷型硝基涂料最大的缺点是使用时消耗大，且多数有毒，对健康及环境有影响，使用时要注意自身防护：戴口罩，避免吸入喷涂材料对身体造成伤害。一般使用喷枪进行喷漆需要专业的喷漆房，有专业的喷漆设备帮助保护环境（如图 2-217、图 2-218）。

喷漆过程应仔细耐心，每次喷不要太厚，待其干燥后再反复进行喷涂，注意喷漆的过程应将模型零件粘在一些辅助的工具或是木板、木棍上（如图 2-219），以方便喷漆时一手握住零件，另一手操作喷枪（如图 2-220 至图 2-224）。

喷漆后为了尽快干燥，可以将模型摆放在通风处待其自然风干，或者放入 UV 机帮助涂料快速凝固（如图 2-225、图 2-226）。

在上色之前，对于所选用的上色材料应先在废料上试一下，确定颜色效果。塑料模型的上色原则是薄而多遍。在上色过程中，如果发现模型的表面有加工过程中留下的缺陷，就应该进行修补和重新打磨处理。

图 2-215、图 2-216　使用喷枪喷色过程 / 拍摄资料

图 2-217、图 2-218　使用喷枪喷色过程 1 / 拍摄资料

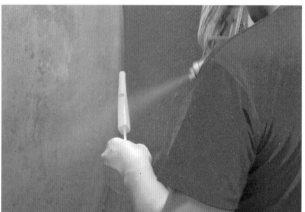

图 2-219、图 2-220　使用喷枪喷色过程 2 / 拍摄资料

图 2-221、图 2-222　使用喷枪喷色过程 3 / 拍摄资料

④ 表面肌理、质感效果处理

优秀的模型为了表现良好的仿真效果与追求设计的质感，表面处理仅仅通过色彩是很难做到的，因此需要对于模型的材质质感、表面肌理等进行深入推敲制作，以达到目标。

A. 效果刻画

对于很多模型上面有较为复杂的纹理或是图案，往往需要专业的设备进行制作，比较简单的方法就是进行

图 2-223、图 2-224　使用喷枪喷色过程 4 / 拍摄资料

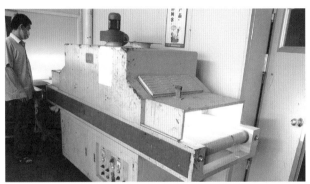

图 2-225、图 2-226　使用喷枪喷色过程 5 / 拍摄资料

手工刻画，手工刻画可以根据设计需要，自行调配色彩、自选合适材料，手工制作。在制作好的模型上进行手工刻画前，应当在废料或是其他材料上反复练习，以期达到设计效果。例如为了达到《喜上眉梢》作品效果图中小鸟肚兜上的图案效果（如图 2-227），应当分别制作小鸟的整体和肚子两个部分，并分别喷涂为白色和红色（如图 2-228 至图 2-230），然后将小鸟通过胶水组装后以黑色油性笔画出肚兜的黑色边缘，再用小号毛笔蘸取黄色油漆颜料刻画出肚兜上的纹样（如图 2-231），完成后再将产品进行组装，得到完整的模型（如图 2-232）。

B. 电镀效果

在模型制作中为了得到不同的质感与设计效果，往往通过电镀的方式来得到丰富的金属质感效果。

电镀是一种电化学过程，也是一种氧化还原过程。电镀的基本过程是将零件浸在金属盐的溶液中作为阴极，金属板作为阳极，接直流电源后，在零件上沉积出所需的镀层的一种表面加工方法。镀层性能不同于基体金属，具有新的特征。根据镀层的功能分为防护性镀层、装饰性镀层及其他功能性镀层。

电镀按照镀层分类，可以分为：镀铬、镀铜、镀锌、镀镉、镀锡；按获取镀层方式分：挂镀、常规电镀、滚镀、电刷镀、脉冲电镀、电铸，以及装饰性电镀（如镀金，镀银，铜等）、防护性电镀（如镀锌）、耐磨性电镀（如镀硬铬）、功能性电镀（提高可焊性电镀，如镀锡）、增强导电性（如镀银，镀金）等。

在实际应用过程中，可以根据设计效果采用不同的电镀工艺与加工方法进行产品的金属质感制作（如图

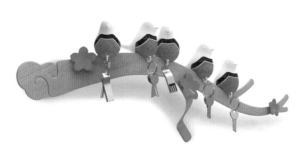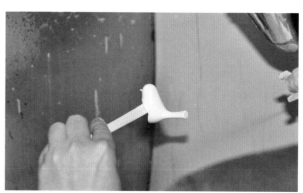

图 2-227、图 2-228　手工刻画小鸟纹样过程 / 拍摄资料

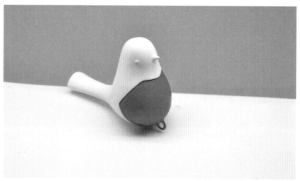

图 2-229、图 2-230　使用喷枪喷色过程 6 / 拍摄资料

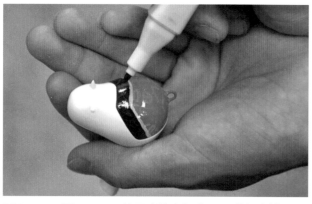

图 2-231、图 2-232　使用喷枪喷色过程 7 / 拍摄资料

图 2-233、图 2-234　电镀效果 / 拍摄资料

2–233、图 2–234）。

⑤ 文字、标志的处理

真正的产品上面往往需要一定的说明性文字、标示性的图案以及产品的名称标志等以说明它的功能、操作方式、制造商、商标及产品型号等内容，而展示模型为了取得逼真的效果，就需要加入必要的文字说明或标志，所以必须再做这方面的处理。模型表面的文字、标志主要内容为：产品说明和产品名称。在模型上对于产品说明这一类的内容必须重点强调它的说明性，必须能清晰地向使用者说明产品的的使用方式，内容可以是文字也可以是图形标志，应将这一类说明贴置在使用者所操作的产品界面上。常用的方法有干转印法和丝网印刷方法。

A. 干转印方法

对于模型上的文字可以使用于转印字的方法，这种方法是把干转印纸的文字转印到模型上去。干转印纸是一种塑料薄膜，背部印有不同字体的反体字，从正面看为正体字，在干转印纸背面有一层不干胶。转印时把转印字正面朝上，在需要印字的地方稍微用力在字上加压摩擦，此时字体就会粘到模型表面上去。

B. 丝网印刷法

丝网印刷是把带有图像或图案的模版附着在丝网上进行印刷的。适用于平面、单曲面或者曲面落差比较小的形态表面。

把需要转印的文字或是图形先行制作好，镌刻在绢版上（如图 2–235），准备好需要转印的模型（如图 2–236），把绢版放置在模型表面需要印刷的位置（如图 2–237），再用硬质橡胶刮板蘸油墨（如图 2–238），一次性把油墨刷在绢版上（如图 2–239），稍微用力刮刷（如图 2–240、图 2–241），移开绢版文字即可印在模型上（如图 2–242）。

通常丝网由尼龙、聚酯、丝绸或金属网制作而成。当承印物直接放在带有模版的丝网下面时，丝网印刷油墨或涂料在刮墨刀的挤压下穿过丝网中间的网孔，印刷到承印物上（刮墨刀有手动和自动两种）。丝网上的模版把一部分丝网小孔封住使得颜料不能穿过丝网，而只有图像部分能穿过，因此在承印物上只有图像部位有印迹。

⑥ 展示模型制作的评估与修改

当一件展示模型制作完成后，它开始承担起多种使命来，这也是展示模型制作的意义所在。展示模型最重要的意义之一就是作为评估的重要依据，它是评估设计价值的参考依据，根据展示模型的效果，可以评估其形态的转折是否流畅、优美; 评估模型的颜色是否达到了预期的设计效果等，为后面完善设计奠定了基础。

A. 颜色校正

我们经常会碰到这样的问题，就是究竟什么样的颜色制作出来的效果较好，而往往在设计效果图中，多种颜色都可以表现得很到位，很精良。在草模的制作过程中我们也往往会多做推敲，而只有真正实施于展示模型上，我们才能看到真实的、逼真的效果。例如，我们设计了一款背面为金属灰色，正面为橙色的有色彩搭配感的手机外壳，但是当模型出来时发现，橙色与金属灰色的搭配有些太过强烈，而通过将模型比对于可以参考的色板，我们发现也许适当提高橙色与金属灰色的明度，效果会更好一点。所以可以在模型制作后经过分析、比对，并以此为依据进行颜色校正。在真正的产品设计过程中，模型的颜色要通过对比色板进行反复校对，以求达到最理想的设计效果（如图 2–243、图 2–244 嘉兰图设计有限公司手机壳色板资料）。

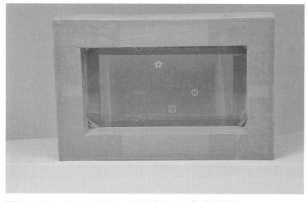

图 2-235、图 2-236　丝印过程 1 / 拍摄资料

图 2-237、图 2-238　丝印过程 2 / 拍摄资料

图 2-239、图 2-240　丝印过程 3 / 拍摄资料

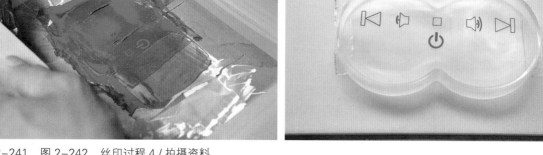

图 2-241、图 2-242　丝印过程 4 / 拍摄资料

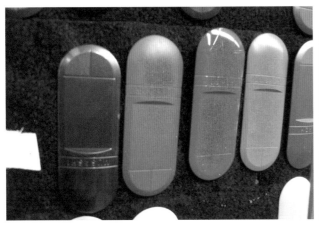 

图 2-243、图 2-244　嘉兰图设计有限公司手机壳色板资料

B. 材质改良

同样是一款手机外壳设计，它的外壳表面处理工艺是木纹的还是竹子的纹理更合适，可能只有通过展示模型的效果出来之后，进行比对、分析，再进行材质更换。

C. 完善设计

依据展示模型的效果，可以判别出设计的综合效果，同时也可以详细分析设计的具体问题，比如材质、色彩效果是否最佳，结构是否合理，人机关系是否恰当等具体问题，依据这些结论，对设计进行修改与完善，从而获得更好的、更优秀的设计作品。

6) 金属材料在模型制作中的运用

金属材料是采用天然的金属矿物原料冶炼而成，种类繁多，制作加工需要一定的专业设备，但因金属的特殊质感与材料的称重、结构等特性，使其经常作为产品设计用材。金属材料的机械加工性能良好，经过物理加工或化学方法处理的金属表面能给人以强烈的加工技术美和自身的材质美感。选用金属材料进行模型制作虽然能够获得理想的质量，但制作难度相对比较大，成本也比较高，需要专用加工设备经过多道加工工序才能成型，可运用各种机械加工方法和金属成型方法制作模型。

① 金属的种类

市场供应状态下的半成品金属材料有各种规格、形状的板材、管材、棒材、线材、金属丝网等，种类繁多，通常分为黑色金属和有色金属。常见的黑色金属有：纯铁、铸铁、碳素钢等；常见的有色金属有：铝合金、铜合金及其他合金（如图 2-245、图 2-246）。

② 金属材料的性能

金属材料的性能分为使用性能和工艺性能两类：使用性能是指金属材料在正常工作条件下所具有的性能，它主要包括金属材料的应用范围、使用的可靠性和寿命，以及金属材料在使用过程中表现出来的机械性能、物理性能和化学性能。工艺性能是指金属材料在制作过程中的各种特性，包括铸造性能、锻造性能、焊接性能和切削加工。制作金属材料模型应了解金属材料的这些性能，以便正确地选择和使用材料。

③ 金属材料型材

金属材料的型材有：板材、管材、线材（如图 2-247）等，它们是制作金属模型的重要材料。常见的板材有：不锈钢板、镀锌钢板、镀锡钢板、黄铜板等。常见的金属管材为不锈钢管（如图 2-248）。

图 2-245、图 2-246　金属材料 / 拍摄资料

图 2-247、图 2-248　金属材料 / 拍摄资料

④ 常用制作工具及设备

夹持工具：钳台、斜钳、平头钳、台虎钳等；切割工具：砂轮锯、铁皮剪、剪板机、钢锯、线切割、激光切割等；成型工具：锉刀、锤子、钳子、电钻等；焊接工具：电焊枪、焊条等。此外还有小型钻床、手电钻、各种量具、划线工具等。

⑤ 常用加工方法

A. 画线

用毛笔在材料上均匀涂抹一层墨水，然后依照加工图纸尺寸借助画线工具及度量工具准确画出零件的展开加工尺寸图。

B. 下料

使用剪板机切割的金属板材边口非常平直、齐整。如果没有剪板设备可以用手工裁剪工具剪切下料，如果在薄板材上下料时使用铁剪沿加工界线进行裁切，比较厚的板材可以使用手工剪板器切割下料。

C. 车、铣加工成型

加工回转体零件时应使用车床按图纸形状进行切削加工，如果还需在棒材或钢材零件上加工出孔、槽等形状，在钻铣床上配用不同直径的钻头、铣刀加工出相关形状。

D. 精细加工

板材件的外轮廓形状加工：使用剪板器或铁剪裁切金属板材边缘会产生翘曲、弯曲等现象，需要用木拍板调平金属板材；使用锉削工具锉平剪切痕迹。板材件的内轮廓形状加工：如果对薄金属板材内部进行镂空加工，使用錾削工具沿着内轮廓线的里侧进行錾削加工。对于厚金属板材的内轮廓加工可以使用钻铣床加工出边缘轮廓。

E. 板材的折弯加工

使用折弯机械对金属板材进行折弯加工可获得理想的折弯质量，手工折弯时用两条角钢分别对称放置在弯折部位的两侧，对齐折弯部位，用台钳同时夹紧角钢与金属板材（如图2-249），用木板靠在折弯位置（如图2-250），使用锤子敲击木拍板逐渐使金属板材发生弯折变形（如图2-251、图2-252）。当弯折至实际角度以后将木拍板放平，用榔头敲击木拍板，使折弯的根部更加平直。如果卸下工件后发现板材有翘曲或不平整的地方继续用木拍板敲击逐渐调平，直至达到满意效果（如图2-253、图2-254）。

⑥ 金属零件组装成型

金属零件间的连接方式比较多，如焊接、螺纹连接、粘接等。

A. 焊接成型

焊接是金属零件相互连接时经常使用的方法。金属焊接的种类很多，主要分为电阻焊、熔焊、钎焊三种基本类型。电阻焊的焊接原理是利用低电压、大电流通过两焊接件的接触点或接触面时产生的电阻热瞬时

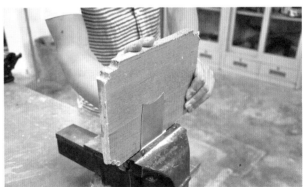

图 2-249、图 2-250　金属板材折弯加工 1 / 拍摄资料

图 2-251、图 2-252　金属板材折弯加工 2 / 拍摄资料

图 2-253、图 2-254　金属板材折弯加工 3 / 拍摄资料

融化接触部位，同时通过外力使两焊接件焊接成为一体。熔焊的焊接原理是利用电弧产生的高热或燃烧气体产生的高热熔化两焊接件的连接部位，两焊接件的熔化部位相互融合，冷却后凝固成一体。钎焊使用比焊接件熔点低的金属材料作为填充料，用热源同时加热焊接件与钎料，融化的钎料填充于两个焊接件的缝隙之间，钎料冷却后使得两焊接件链接在一起。

在手工焊接金属模型时常使用电烙铁、锡焊丝将金属零件焊接为一个整体，用锡焊丝焊接金属零件属于钎焊焊接，焊接前使用砂布打磨金属零件上油脂、污渍，擦净、晾干。使用大功率的电烙铁通电加热，用烙铁头蘸取一点焊油，将烙铁头放在零件间的结合部位，用锡焊丝接触烙铁头，锡焊丝受热后迅速融化，融化后的钎料流入缝隙之间，将零件焊接在一起（如图 2-255）。全部焊接组装成型后用金属锉将焊接中出现的焊瘤、焊渣锉平，检查焊口是否焊接牢固，发现有假焊、漏焊的地方继续补焊（如图 2-256）。

B. 螺纹连接

使用螺纹紧固件连接。螺纹紧固件由螺钉与螺母组成。使用各种规格、样式的标准螺纹紧固件连接、组装金属零件方便、快捷、省时省力，利用螺纹紧固件还可将不同材料的零件相互连接在一起。其实有些螺纹紧固件本身就是很好的装饰造型，可以作为模型整体造型的一部分加以充分利用。

用标准螺纹紧固件连接金属零件有两种方式：一种方式为直接使用螺钉、螺母连接零件。方法是在相互连

图 2-255、图 2-256　电焊加工 / 拍摄资料

接的零件上打通孔，将紧固螺钉穿过通孔再用螺母旋紧螺钉，起到紧固、连接零件的作用。另一种方式是在一个金属零件上制作螺纹，再使用螺钉或螺母将另一个零件相互连接在一起。

⑦ 金属模型表面涂饰方法

金属模型的表面效果的处理有很多种方法，如电镀、化学腐蚀，使用机械进行物理表面处理等。以手工方式进行表面处理，一般情况下采用油漆涂料涂饰的方法完成。涂饰方法与前面讲到的塑料模型的涂饰方法基本一致，只是涂饰面漆之前首先要在金属模型表面刷涂一层防锈底漆，防止金属受潮。

7）木材在模型制作中的应用

木材（如图 2-257 原始木材图片，图 2-258 为经过切割的实木方料）种类繁多，分布广泛、取材方便，使用价值高，广泛地应用于人们的日常生产、生活中，是一种经典、实用的造型材料，如图 2-259 为乌金木制作的家具，图 2-260 为木雕茶几。

木材质轻，强度、硬度较高，柔韧性好，可塑性强，使用手工和机械都可以对其进行加工，具有良好的加工性；木材的树种不同，其颜色、肌理也各不相同（如图 2-261、图 2-262），不同树种都具有不同的天然悦目的色泽。且树木在生长的过程中逐渐形成了年轮，在加工过程中因不同的切割方向会得到多种色泽和自然纹理，通过刨切等多种方法还能截取或胶拼成种类繁多的花纹，充分反映出木材的质感和美感。

以木材为主的木模型制作需要较强的技术支撑，制作过程较费时，成本较高。其长处是运输方便，可长期

图 2-257、图 2-258 木材 / 拍摄资料

图 2-259 乌金木椅子 朱小杰 / 拍摄资料

图 2-260 木根雕茶几 / 拍摄资料

图 2-261、图 2-262　木材纹理 / 拍摄资料

保存。木材的缺点：干缩湿胀容易引起形状变异、构件尺寸变化和强度变化以及开裂、扭曲、翘曲等弊病。还有木材的燃烧点低，也容易受真菌的侵害致使材质改变，并使材质变得松脆易碎而使强度和硬度降低。

木材易锯、易刨、易切、易打孔、易组合加工成型。木材通过不同的加工手法会得到各种材型。如：木材蒸煮后可以进行切片，在热压作用下可以弯曲成型。木材可以用胶、钉、榫眼等方法进行接合，既简易又牢固。在选用木材时还要注意其具有各向异性因素，即使是同一树种的木材，因产地、生长条件和部位不同，其物理、力学性能差异也很大，使之在使用和加工上受到一定的限制。

① 木材种类

木材种类较多，根据加工情况，可分为实木材和人造板材两大类。

实木材料：实木根据材质，又可分为软木和硬木。软木多为针叶树林，其质较轻，材质松软，易于切削加工。在模型制作中应避免使用较薄的软木，因过薄的软木容易断，不适合制作模型的结构构件。硬木多为阔叶树，其材质较重，材质致密，其加工时有一定的难度，但其表面质感好，具有一种天然的材质美，是制作模型的优秀材料。

人造板材：利用原木、刨花、木屑、小材、废材以及其他植物纤维等为原材料，经过机械或化学处理制成的板材。人造板材有效地提高了木材的利用率。人造板材有幅面大、质地平均、变形小、强度大、美观耐用、易于加工等优点。其构造种类很多，各具特点。最常见的有胶合板、刨花板（如图 2-263 ）、纤维板、细木工板等（如图 2-264 ）。

图 2-263、图 2-264　刨花板、细木工板／拍摄资料

胶合板：是用三层或奇数多层单板纵横胶合而成，各单板之间的纤维方向互相垂直，克服了木材的各向异性缺陷。胶合板幅面大而平整，不易干裂、纵裂和翘曲。它广泛适用于家具或产品大面积相关部件，如家具的各种门、侧、顶、底、背板和床、桌的面板。胶合板品种很多，厚度也有很多，还可以在表面用薄木贴面或塑料贴面制成装饰胶合板。如桦木纹板、花梨木纹板和橡木纹板等，制作时可根据设计需要选择使用。胶合板的幅面尺寸规格为 1220mm×2440mm。

刨花板：利用木材、废料加工成一定规格的碎木、刨花后，再使用胶合剂经热压而成的板材。刨花板的幅面大，表面平整、加工方便，但是因其密度不高，所以不适宜开榫，容易受潮变形。

细木工板：是一种拼合结构的板材，板芯用短小木条拼接，两面再胶合两层夹板。细木工板具有坚固耐用、板面平整、结构稳定、不易变形、强度大的优点，可应用于家具的面板、门板、屈面等，多用于中、高级家具的制造。在制作较大模型时常用于内部支架或平整的模型表面材料。细木工板的规格尺寸设有统一的国家标准，一般使用的厚度为 16mm 及 19mm 两种，常用幅面尺寸为 1220mm×2440mm。

② 木材加工工具

画线类工具：木工铅笔，弹墨斗等；度量工具：卷尺、钢尺、直角尺等；锯类工具：拐子锯、刀锯、手持锯、手持电动锯；刨平类工具：长短平刨、弧面刨、线刨、槽刨等；开孔类工具：凿、铲、开孔钻头、手持电钻；整形工具：木锉刀、电动修边机、电动打磨机、砂纸、榔头、手夹钳等。

③ 木材加工成型方法：

A. 画线

以木工铅笔利用钢尺等各种辅助工具按照图纸在木料上画出轮廓线（如图2-265、图2-266）。

B. 下料

沿直线下料时使用宽条、粗齿的拐子锯进行割锯，注意用力方向、不要扭动锯条，防止锯偏、跑线等问题。沿曲线下料可以使用窄条的拐子锯或是手持式电动锯（如图2-267）。

C. 刨削

刨削平面时可先使用短平刨将凸起部位大致刨平，然后换用长平刨沿着木料的通长进行刨平。刨平的过程要不断用钢尺检查该平面是否刨平。也可以用砂轮机打磨平整（如图2-268至图2-270）。

刨削曲面、区边可以根据截面形状选用槽刨、线刨等工具，也可以借助砂轮机。

④ 木质构件结合

木制构件制作完成以后需要相互连接在一起，木制构件结合的方式很多，如榫结合、钉结合，预埋件结合、胶粘剂结合等，在木制模型制作的过程中应该根据实际情况正确使用连接方式。

A. 榫卯结合

中国传统的木加工工艺堪称登峰造极，可谓是宝贵的文化遗产，先人为我们积累了丰富的经验并沿用至今，经典、巧妙的榫结合形式更是令人叹为观止。如图2-271所示中国古典榫接结构示意图。

图2-265、图2-266 木材加工过程1 / 拍摄资料

图2-267、图2-268 木材加工过程2 / 拍摄资料

图 2-269、图 2-270　木材加工过程 3 / 拍摄资料

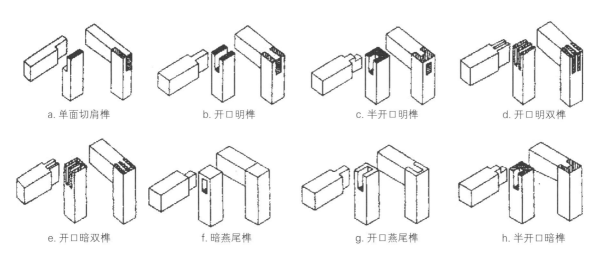

a. 单面切肩榫　　b. 开口明榫　　c. 半开口明榫　　d. 开口明双榫

e. 开口暗双榫　　f. 暗燕尾榫　　g. 开口燕尾榫　　h. 半开口暗榫

图 2-271　木材加工过程 榫接结构图 / 拍摄资料

榫主要由榫头和榫眼两部分组成，根据实际设计的需要，可以采取不同的榫接结构进行木模型构件的连接。制作榫结构可运用刨削、凿削工具，其加工质量直接影响模型的强度和使用质量。

B. 钉结合

钉结合是一种简单方便的形式，常用金属圆钉结合与螺钉结合的方法。

金属圆钉结合：先在连接部位薄而均匀地抹上白乳胶，用锤子敲击，敲打时一定要准确打在圆钉帽上，防止砸坏木材表面。

用螺钉结合：先在第一个构件上打出稍大于螺钉直径的通孔，后换用直径较大的钻头对通孔边缘进行划窝处理，目的是将螺钉帽藏于构件内。将螺钉穿入通孔，使用旋凿（改锥）将螺钉拧紧于第二个构件上。螺钉连接能够牢固地将工件结合在一起。

⑤ 木模型表面涂饰

木模型的表面处理方法很多，以手工操作的方式进行表面处理一般采用油漆涂料涂饰的方法完成。

木材表面常采用透明涂饰方法，因其能够保留木材的自然纹理。使用清漆进行涂饰既能使木模型表面获得光亮的效果，也能体现木材的天然材质美。

首先打磨，木构件相互连接成型后可能会出现一些装配误差，需要用木锉、木工刨等工具进行整形处理，整形后用电动打磨机或粗细不同的砂纸将木模型通体打磨光滑。接下来去毛，在表面涂饰之前需要将木材表面的纤维组织去除，用蘸过热水的毛巾用力擦拭木模型表面，进行去毛处理。

如果木模型表面需要进行染色处理，先要进行染色实验。选择若干块制作木模型的余料，分别在木料上将调和好的染色剂溶液均匀地涂刷若干遍，等染色剂干燥后涂刷一层透明油漆，观察各自的颜色效果，从中选择理想的颜色作为木模型的表面颜色。实验完毕后用毛刷蘸取大量染色剂溶液快速地涂抹于整个木模型表面，不要出现颜色衔接痕迹。

涂饰透明油漆：
染色剂干燥后用透明涂料（清漆）对木模型表面进行若干次喷涂或刷涂，逐渐使木模型表面获得光滑、明亮的效果。

3. 实战程序　皂盒展示模型制作
设计师设计了一款皂盒，如图2-272所示设计草图。皂盒上部透明效果以及滤水板的材质基本确定，底座的部分分别设计了不同的材质效果，最终制作成展示模型，以此比较设计的效果，并最终确定设计方案。

1）任务一　分析、分解设计并准备制作模型材料（1.5课时）
① 实训目的
A. 培养学生对产品设计在模型制作过程的分析能力；

B. 培养学生通过结构分解模型制作模块的能力。

② 实训内容：
A. 分解模型模块并制作相应尺寸图；

B. 准备相关材料。

③ 任务实施示范
首先准备模型制作的效果图及工程图（如图2-273）。

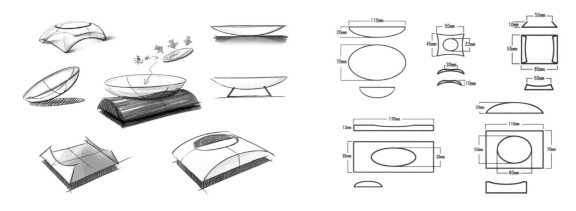

图2-272、图2-273　皂盒设计草图与工程尺寸图／拍摄资料

接下来确定模型制作的比例与尺寸。因为皂盒的体积尺寸比较小，所以制作 1 : 1 的等比例模型。

准备模型制作的材料和工具。根据效果图效果，分别准备有机玻璃、不锈钢、木材、塑料板材、胶水、油漆等材料。根据模型的效果，将模型分解成皂盒体、皂盒的滤水隔以及底部三个部分。下面将分别讲述模型不同模块的制作程序。

2）任务二　皂盒体模块的制作（6 课时）

① 实训目的

A. 培养学生综合利用模型制作方法；

B. 培养学生通过分解能够正确判断模型制作的工序与工艺过程；

C. 熟练掌握模型制作中塑料材料压模的方法。

② 实训内容

A. 利用油泥材料制作压型模具阴模；

B. 利用石膏材料翻制压型模具阳模；

C. 利用有机玻璃压模得到皂盒体模块。

③ 任务实施示范

要制作曲面的皂盒体，先要制作压型模具。

A. 先用油泥制作出曲面形态，制作方法请参考草模部分的油泥制作案例，制作程序如图 2-274 至图 2-281 所示。

B. 用石膏翻模的方法制作出石膏压型模具，制作方法请参考草模部分的石膏翻制案例，制作程序如图 2-282 至图 2-293 所示。

图 2-274 至图 2-281　皂盒体形态压型磨具——油泥制作过程 / 拍摄资料

C. 用细木工板切割出压型板材，切割出大于皂盒上部尺寸的有机玻璃，将其固定在细木工板上（如图2-294、图2-295）后放入烘箱加热，直至达到塑形要求后用细木工板将有机玻璃压制于石膏压型模具上，直至材料冷却，通过热塑成型的方法得到曲面有机玻璃材料。在制作过程中可以分别制作不同深浅度的曲面模型（图2-296、图2-297），以方便后面比较设计效果。

用线锯将多余废料切下，并进行打磨，得到制作好的皂盒上部，如图2-298至图2-303所示。

图 2-282 至图 2-289　皂盒体形态压型磨具——石膏翻模制作过程 1 / 拍摄资料

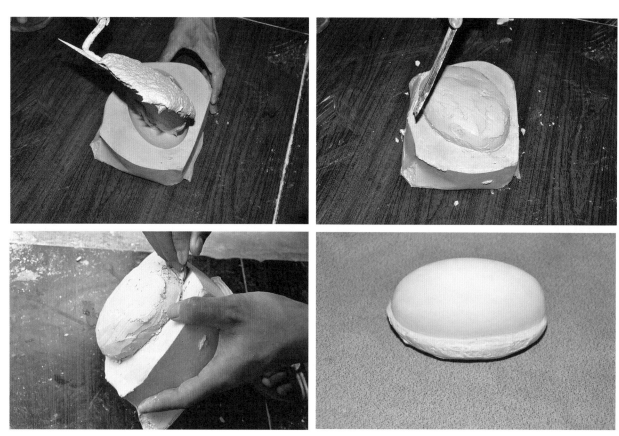

图 2-290 至图 2-293 皂盒体形态压型磨具——石膏翻模制作过程 2 / 拍摄资料

图 2-294 至图 2-297 皂盒体透明形态制作过程 1 / 拍摄资料

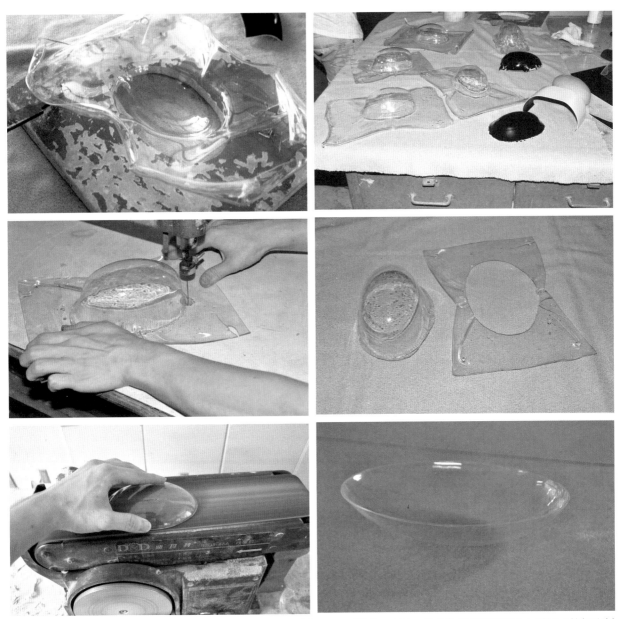

图 2-298 至图 2-303　皂盒体透明形态制作过程 2 / 拍摄资料

3）任务三　皂盒滤水板的制作（2 课时）

① 实训目的

A. 培养学生利用机器进行铣孔的操作；

B. 熟练掌握模型制作中塑料材料打磨、抛光方法。

② 实训内容

A. 利用塑料材料制作滤水隔；

B. 利用机器加工滤水板上的孔洞。

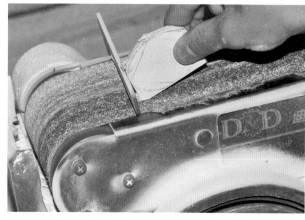 

图 2-304、图 2-305　皂盒滤水隔制作过程 1 / 拍摄资料

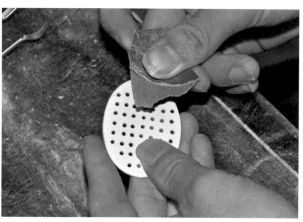 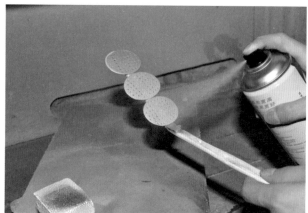

图 2-306、图 2-307　皂盒滤水隔制作过程 2 / 拍摄资料

③ 任务实施示范

以线锯切割塑料板材得出滤水板的形态并打磨，在板上钻孔，并进行打磨，然后对其进行金属色的喷漆效果制作。为了方便后面的模型比较，可以同时制作多个滤水板。

4）任务四　以不同材料制作皂盒底部底座（6 课时）

① 实训目的

A. 培养学生综合利用不同材料模型制作方法制作模型；

B. 培养学生通过分解能够正确判断模型制作的工序与工艺能力。

② 实训内容

A. 利用塑料材料制作皂盒底座；

B. 利用木材材料翻制压皂盒底座；

C. 利用不锈钢材料制作皂盒底座。

③ 任务实施示范

为了后期评估设计的效果，分别制作不同材质的皂盒底部。

A. 以塑料材料制作皂盒底座

以热塑成型的方法得到塑料皂盒底部的弧面，再经过线锯切割、打磨得到合适的模型零件。再分别切割、打磨制作皂盒底部的其他部件，然后经过胶水粘接皂盒底部的各个零部件，得到完整的皂盒底部塑料模型。制作过程如图 2-308 至图 2-313 所示。

B. 以木材料制作皂盒底座

选择黑檀木夹板作为材料制作皂盒的木底座。以量尺量取尺寸，并进行切割，切割后进行打磨，光滑后再次确定尺寸。根据设计尺寸，以砂轮机打磨出木质皂盒底部的凹陷效果，并再次进行打磨、抛光。抛光后清除模型表面的杂质，以木清漆均匀涂刷模型表面，得到皂盒的木质模型底座，并以此方法制作多个不同尺寸的木质底座以备后期模型比较。制作过程如图 2-314 至图 2-321 所示。

图 2-308 至图 2-313　塑料材料的皂盒底部制作过程 / 拍摄资料

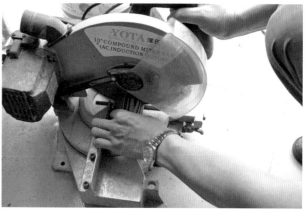

图 2-314、图 2-315　木质材料的皂盒底座制作过程 1 / 拍摄资料

图 2-316 至图 2-321　木质材料的皂盒底座制作过程 2 / 拍摄资料

C. 以不锈钢材料制作皂盒底座

根据设计图纸尺寸，以量尺确定尺寸后将不锈钢板切割，以线切割的方法切割出不锈钢板的弧线形边缘，再以量尺辅助在不锈钢表面画出将要冲压的痕迹，沿此痕迹将切割好的不锈钢板一侧冲压成弯折的形态，另一侧同样用这样的方法冲压成型。以百洁布顺着一个方向对不锈钢板进行摩擦，刻画清晰不锈钢的拉丝纹理。制作过程如图 2-322 至图 2-337 所示。

图 2-322 至图 2-329　不锈钢材料的皂盒底座制作过程 1 / 拍摄资料

图 2-330 至图 2-337　不锈钢材料的皂盒底座制作过程 2 / 拍摄资料

5）任务五　表面效果的后期处理（2课时）

① 实训目的

A. 通过训练使学生掌握丝印方法；

B. 能够设计标志并实施于模型制作中。

② 实训内容

A. 将标志丝印于塑料皂盒底座；

B. 将标志丝印于木材皂盒底座；

C. 将标志丝印于不锈钢皂盒底座。

③ 任务实施示范

准备需要丝印到模型上的标志绢版，将其分别印制到皂盒模型的不同底座上，过程如图2-338至图2-343所示。

图 2-338 至图 2-343　丝印标志制作过程 / 拍摄资料

6）任务六　模型模块的组装（1课时）

① 实训目的

A. 训练学生掌握多种模型组装的方法；

B. 理解分析模型，了解适合的模型组装方法；

C. 模型组装过程中注意避免损坏模型；

D. 根据情况制定组装先后顺序。

② 实训内容

A. 组装皂盒上部与木材皂盒底部；

B. 组装皂盒上部与塑料皂盒底部；

C. 组装皂盒上部与有机玻璃皂盒底部；

D. 组装皂盒上部与不锈钢皂盒底部。

③ 任务实施示范

将已经制作好的模型各个零部件分别安装配合，效果如图 2–344 至图 2–347 所示，因皂盒本身需要经常拆装，所以这个皂盒的模型不需要进行粘结等组装工序。

图 2–344 至图 2–347　模型模块拼装 / 拍摄资料

7）任务七　模型效果的评估（1课时）

① 实训目的

A. 培养学生通过观察模型评估比较模型制作优劣；

B. 培养学生通过观察模型效果，分析、评估设计的能力；

C. 培养学生通过评估模型，提高修改设计的能力。

② 实训内容

A. 评估皂盒顶部深浅变化的效果；

B. 评估皂盒顶部搭配不同材质底部效果的优缺点；

C. 根据评估效果修改设计细节。

③ 任务实施示范

将所有制作好的皂盒模型摆放在一起进行分析，如图2-348、图2-349所示，观察皂盒上部透明材料部分不同的深浅弧面与不同材质底座配合的效果，分析形态、大小、比例，以及丝印标志的大小、位置等诸多设计细节，以此作为评估设计效果的手段，然后经过分析再确定如何修改设计效果。

如果需要重新修改、制作展示模型，请参考以上实践程序步骤。

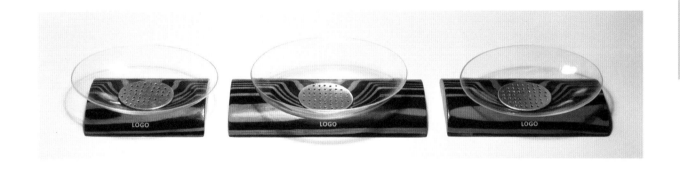

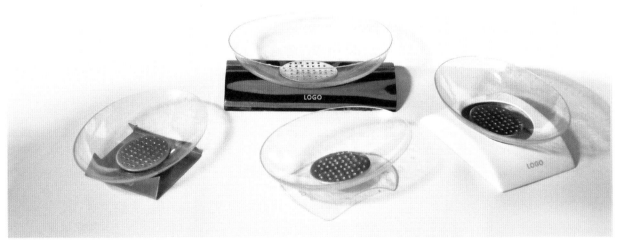

图2-348、图2-349　模型分析比较／拍摄资料

第三节 项目三 手板样机制作

1. 训练要求

▶▶ 项目介绍

手板样机是工业设计领域普遍应用的检验产品设计成果的方法，虽然在高校内受到实践条件的限制，无法真正制作手板样机，但是应该了解手板样机制作的工艺与程序，为学生今后走上工作岗位铺垫基础。

1）项目名称：手板样机制作工艺分析。

2）项目内容：参观一件产品的整个手板样机制作流程。

3）项目时间：8课时。

4）训练目的：通过参观手板模型工厂，获得实际的手板模型制作体会，让学生了解市场常用的手板样机加工工艺与方法，了解快速成型工艺，提高产品手板样机制作的操作能力，为今后工作铺垫基础。

5）教学方式：A. 理论教学采取多媒体集中授课方式；
          B. 实践教学采取参观手板样机工厂方式；
          C. 现场教学，分解制作工序，理论实践相结合。

6）教学要求：A. 多采用实例教学，选材尽量新颖；
          B. 作业要求：完整参观一件手板样机制作流程；
          C. 分析各种加工工艺与特色。

7）作业评价：A. 准确性：工艺分析的准确性；
          B. 完整性：手板样机各部分不同工艺制作流程的完整性；
          C. 合理性：制作工艺、工序的合理性。

为了更好地检验产品的设计效果以及评估与产品生产的各相关因素，手板样机成为企业在产品上市前最重要的考量依据。学习手板样机的知识对于实际的产品设计实施意义重大。

2. 知识点

1）手板样机概述

① 手板样机制作概念

手板样机是一种综合的实验模型，指产品量产之前以手工操作方式，借助加工设备制作而成的产品样机。手板样机是整个产品开发的成果，不仅表达产品设计师对形态、人机、色彩、材质肌理的艺术表现，还体现了结构设计师、研发设计人员对功能结构、内在性能、涂装工艺、科技专利等多项因素的把握与控制，代表着企业产品的现在和发展的未来。一般说来，手板样机需要完全符合产品生产技术和工艺的要求，可以真正投入使用。

② 手板样机制作意义

因新产品开模具的成本较高，所以企业往往在没有开模具的前提下，根据产品外观图纸或结构图纸先做出的一个或几个样板，用来检查外观或结构的合理性，这样的功能样板就是手板样机，其具有以下几方面的意义。

A. 检验外观设计

手板不仅是可视的，而且是可触摸的，其可以很直观地以实物地形式把设计师的创意反映出来，避免了"画出来好看而做出来不好看"的弊端。因此手板制作在新品开发，产品外形推敲的过程中是必不可少的。

B. 检验结构设计

因为手板是可装配的，所以它可直观地反映出结构地合理与否，安装的难易程度。便于及早发现问题，解决问题。

C. 避免直接开模具的风险性

由于模具制造的费用一般很高，比较大的模具价值数十万乃至几百万，如果在开模具的过程中发现结构不合理或其他问题，其损失可想而知。而手板制作则能避免这种损失，减少开模风险。

D. 提早获得市场评估与反馈并加快新产品上市

由于手板制作的超前性，则可以在模具开发出来之前，利用手板作产品的宣传并参与到各种展览，供客户选择与研究，在这个过程中可以根据用户、市场上得到的意见与信息反馈，及时地调整产品的各个细节，例如颜色、材质等等，为产品更好地获得市场的肯定增加了保障。甚至还可以利用手板样机进行产品上市前期的销售、宣传推广等准备工作，加快了新产品上市的速度，为及早占领市场做好了准备。这也是手板模型制作与数控加工、快速成型技术常常联系在一起的重要原因。

2）手板样机常用的加工工艺

由于手板样机在生产制造过程中的重要性以及企业对于产品手板样机的重视，大多数企业希望可以通过更加快速、有效的方式来获得制造精良的手板样机。而随着数控技术的发展以及快速成型技术应用和普及，越来越多的企业感受到这些技术在产品开发和设计过程中所带来的效益。很多企业通过寻找适合的、快速的方法来制作手板样机以提高生产效率、提升企业竞争力。

① CNC 加工

CNC（数控机床）是计算机数字控制机床（Computer numerical control）的简称，是一种由程序控制的自动化机床。该控制系统能够逻辑地处理具有控制编码或其他符号指令规定的程序，通过计算机将其译码，从而使机床执行规定好了的动作，通过刀具切削将毛坯料（如图 2-350）加工成半成品、成品零件（如图 2-351）。

A. CNC 加工的工艺特点

CNC 相对来说成本较低，成型件强度高，加工材料具有多样性、耐高温、高韧性、透明等要求，同时可制作铝合金等金属样板多种材料。常用工程塑料：ABS、PMMA、PCPA、POM、PPS、PBT、电木等。如图 2-352，图 2-353 用 ABS 塑料加工的手机壳和相机壳，如图 2-354 用有机玻璃 PMMA 制作的透明机盖，如图 2-355 用铝制作的机器上盖。

B. CNC 加工手板样机的工艺流程

首先要将所设计的产品根据效果图或尺寸图制作成相应的三维数据，输入 CNC 加工控制电脑后，电脑编写加工程序；CNC 加工中心根据程序自动化加工（如图 2-356）；将加工后的零件（如图 2-357）进行检测，将零件进行试装配（如图 2-358、图 2-359）；进行装配后的零件手工处理（打磨、修整等）（如图 2-360、图 2-361）；进行喷漆、电镀、丝印等表面细节处理；最后进行组装（如图 2-362 至图 2-379），完成手板样机制作；并将其交由客户进行验证，如需要，再进行色彩、纹理调整等细节处理。

CNC 手板最大的优点是精度高，CNC 模型所用的塑料、铝等材料和许多产品一致，加工效率高，目前大多数企业通过 CNC 加工再辅以手工操作的方式来制作手板样机，且 CNC 加工的手板，其各个部分可以拆分并组装，图 2-380 至图 2-385 为通过 CNC 加工并经过后期表面效果处理的某手机的各个部件，手机的部件拆分与质感完全参照真实的产品。

图 2-350　CNC 切削加工 / 拍摄资料

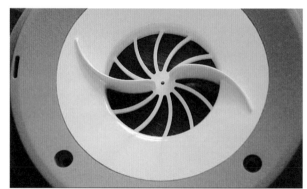

图 2-351　CNC 加工的零件 / 拍摄资料

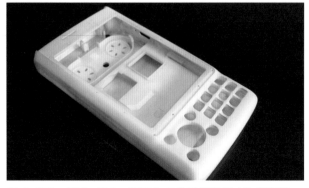

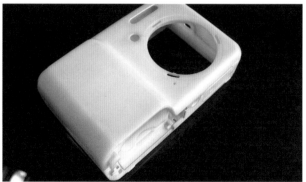

图 2-352、图 2-353　CNC 加工的手板样机 / 拍摄资料

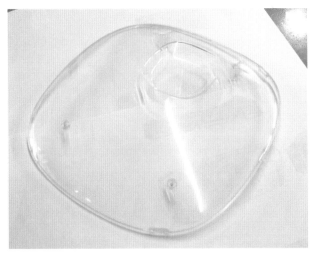
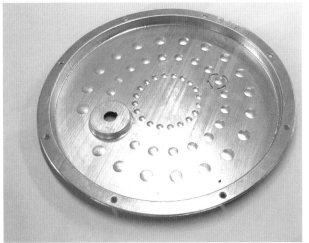

图 2-354、图 2-355　CNC 加工的手板样机 / 拍摄资料

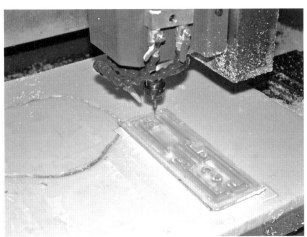

图 2-356、图 2-357　CNC 加工的手板样机零部件 / 拍摄资料

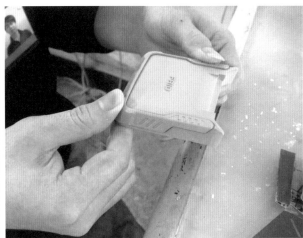

图 2-358、图 2-359　CNC 加工的手板样机零部件试装配 / 拍摄资料

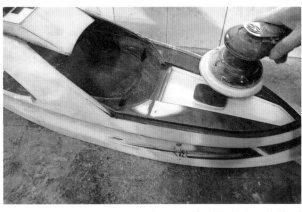

图 2-360、图 2-361 CNC 加工的手板样机打磨、修整 / 拍摄资料

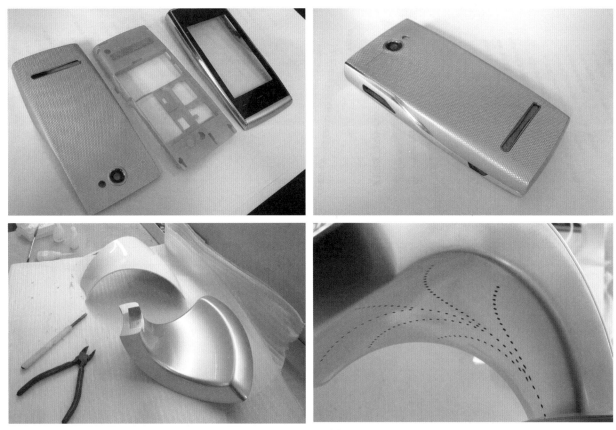

图 2-362 至图 2-365 CNC 加工的手板样机拼装过程 / 拍摄资料

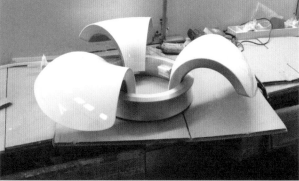

图 2-366、图 2-367 CNC 加工的手板样机拼装过程 / 拍摄资料

图 2-368 至图 2-371　CNC 加工的手板样机后期处理效果 / 拍摄资料

图 2-372、图 2-373　CNC 加工的手板样机后期处理效果 / 深圳嘉兰图设计有限公司

② SLA 激光快速成型

SLA 激光成型是"Stereo lithography Appearance"的缩写即光固化立体造型，是将计算机控制下的紫外线激光以预定零件各分层截面的轮廓为轨迹对液态树脂逐点、逐层进行扫描，使被扫描的树脂薄层产生光聚合反应而固化成型。其工作原理就是用特定波长与强度的激光聚焦到光固化材料表面，使之由点到线，由线到面顺序凝固，完成一个层面的绘图作业，然后升降台在垂直方向移动一个层面的高度，再固化另一个层面。这样层层叠加构成一个三维实体（如图 2-386 至图 2-391 所示为 SLA 快速成型工艺制作的产品零部件）。

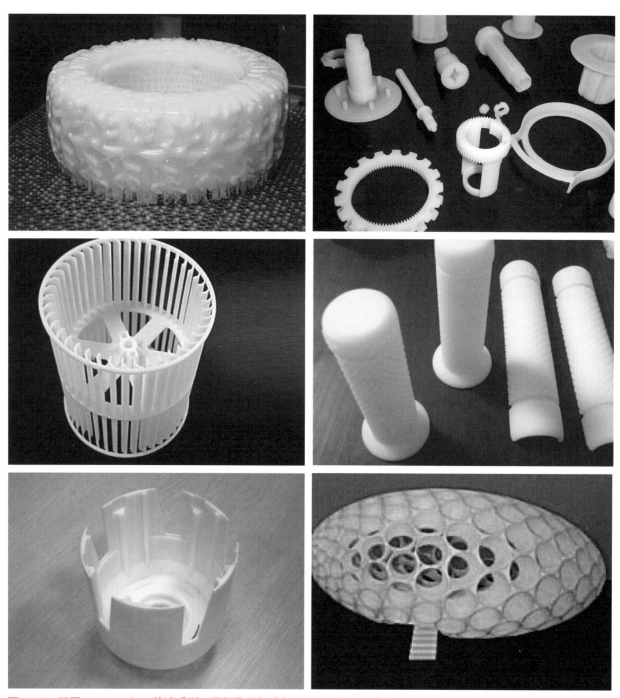

图 2-374 至图 2-379　SLA 快速成型工艺制作的各种产品零件 / 广州高捷模型设计有限公司

A. SLA 工艺特点

在各种快速成型工艺中 SLA 精度最高，成型速度快；成型工件复杂度几乎可不受限制；对环境如湿度、温度、光线等要求较高；使用材料：液态光敏树脂；适合做高端精密件，如电子产品、数码产品等。

B. SLA 工艺缺点

SLA 系统造价高昂，使用和维护成本过高；SLA 系统是要对液体进行操作的精密设备，对工作环境要求苛刻；成型件多为树脂类，强度、刚度、耐热性有限，不利于长时间保存；预处理软件与驱动软件运算量大，与加工效果关联性太高；软件系统操作复杂，入门困难；使用的文件格式不为广大设计人员熟悉；立体光固化成型技术被单一公司所垄断。

③ SLS 粉末烧结成型

选择性激光烧结（SLS）于 1989 年被发明。材料特性比光固化成型（SLA）工艺材料优越。多种材料可选，而且这些材料接近热塑性塑料材料特性，如 PC、尼龙或者添加玻纤的尼龙。SLS 机器包括两个粉仓，位于工作台两边。水平辊将粉末从一个粉仓，穿过工作区间推到另一个粉仓。之后激光束逐步描绘整个层。工作台下降一个层高的厚度，水平辊从相反方向移回。如此往复直到整个零件烧结完毕。如图 2-380、图 2-381 所示为 SLS 快速成型工艺制作的产品零部件。

SLS 工艺特点：

工艺简单，不需要碾压和掩模步骤；用热塑性塑料材料可以制作活动铰链之类的零件；成型件表面多粉多孔，使用密封剂可以改善并强化零件；使用刷或吹的方法可以轻易地除去原型件上未烧结的粉末材料。使用范围：电动工具、发动机、航空航天工业，适合制作有一定压力要求的结构复杂的原型件，不适合做薄壁件，可以做消失模铸造件的蜡模原型件的制作。

④ FDM 快速成型

FDM 是熔融沉积造型（Fused Deposition Modeling）的简称，FDM 工艺的材料一般是热塑性材料，如蜡、ABS、PC、尼龙等，以丝状供料。材料在喷头内被加热熔化。喷头沿零件截面轮廓和填充轨迹运动，同时将熔化的材料挤出，材料迅速固化，并与周围的材料黏结。每一个层片都是在上一层上堆积而成，上一层对当前层起到定位和支撑的作用。随着高度的增加，层片轮廓的面积和形状都会发生变化，当形状发生较大的变化时，上层轮廓就不能给当前层提供充分的定位和支撑作用，这就需要设计一些辅助结构——"支撑"，对后续层提供定位和支撑，以保证成形过程的顺利实现。

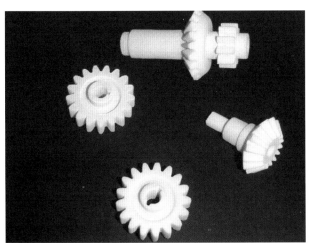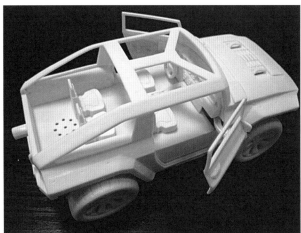

图 2-380、图 2-381　SLS 快速成型工艺制作的各种产品零件　广州高捷模型设计有限公司

A. FDM 加工工艺特点

模型坚硬度可以达到注塑模型坚硬度的 85%。FDM 快速成型系统成本较低，不需要其他快速成型系统中昂贵的激光器；成型材料价格较低；FDM 原型特别适合有空隙的结构，可节约材料与成型时间；体积小，无污染，是办公室环境的理想桌面制造系统；成型速度较慢，精度较低；适用于薄壳体零件及微小零件。原型强度比较好，近似于实体零件，可作为概念型直接验证设计；模型表面可以物理打磨抛光和化学抛光（三氯甲烷）处理；可以喷漆上色、电镀等，适合 ABS 工程塑料特性的工艺都可以使用。

B. FDM 加工流程

先用三维软件（如：Rhino3D、Proe、3dMax、CAD、UG、Soliwork 等）或用 3D 扫描仪器把想法转变成数据模型，导出 STL 格式文件；使用专业切片软件把 STL 格式文件转换成 gcode 格式文件（即 G 代码），将 G 代码导入专用的驱动软件，操作软件进行打印；等待打印，取出打印完成的模型，去除支撑物，进行细加工，精美的模型就完成了（如图 2-382、图 2-383）。

图 2-382、图 2-383　FDM 快速成型工艺制作的各种产品零件 / 广州网能产品设计有限公司

⑤ 真空复模工艺

利用原有的样板，在真空状态下制作出硅胶模具，并在真空状态下采用 PU 材料进行浇注，从而克隆出与原样板相同的复制件。该项技术由于速度快、成本低、大大降低了产品的开发费用、周期和风险。

真空复模工艺特点：

可复制复杂件，复制件性能高；硅橡胶模具柔软，脱模性好；成本低，复制周期短；可使用不同浇注材料，如类 ABS、类 PC、软胶件、耐高温件等；适合小批量制作（如图 2-384、图 2-385 真空复模工艺加工的零部件）。

很多企业对小批量生产及制模（已有原型）的需求越来越迫切，利用真空浇注成型机则可以直接用工程塑料制作小批量零件或者制造简易模具。快速成型模具制造应用非常广泛，发展也非常迅速，特别是在新产品研发阶段，以及一些通过复型获得表面形状的场合，其作用显著。真空复模技术应用于在新产品的研发阶段，产品试制或小批量零件投产使用真空注型机可缩短企业新产品研发周期，提高企业竞争力，帮助企业尽快占领市场，将取得广泛的社会效益。

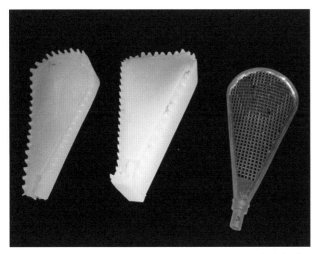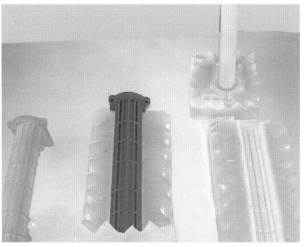

图 2-384、图 2-385　真空复膜工艺制作的各种产品零件 / 佛山龙创域快速制造科技有限公司

第三章
模型欣赏

本章对应课程要求，特别从珠江三角洲设计机构的作品中和设计院校的学生作品中选定了若干优秀的展示模型和手板样机，作为课程欣赏和参照的对象。其中绝大多数作品都属于数字化模型，由模型制作公司通过数控设备加工制作而成。

第一节　展示模型欣赏

本节精选了一部分优秀的学生设计的模型作品，这些作品中涵盖了家具、家电、生活用品、玩具等多个领域，丰富多样；部分欣赏案例附上了从设计草图到效果图到模型图的设计过程，展示了产品设计到模型制作的完整流程，部分案例展示了模型效果并分析了加工材料以及制作工艺。模型多数通过机器的辅助制作以及精细的手工加工，获得了比较理想的展示效果。（图3-1至图3-18）

图 3-1　亲子椅设计草图、设计效果图、模型图（ABS 板材　CNC 加工）/ 广东轻工职业技术学院　廖淑芳

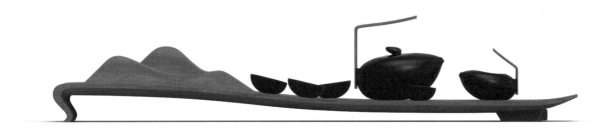

图 3-2 　一席江山茶具 设计草图、效果图、模型图（实木材料、ABS 塑料、CNC 加工工艺）
　　　　广东轻工职业技术学院　曾青鹏

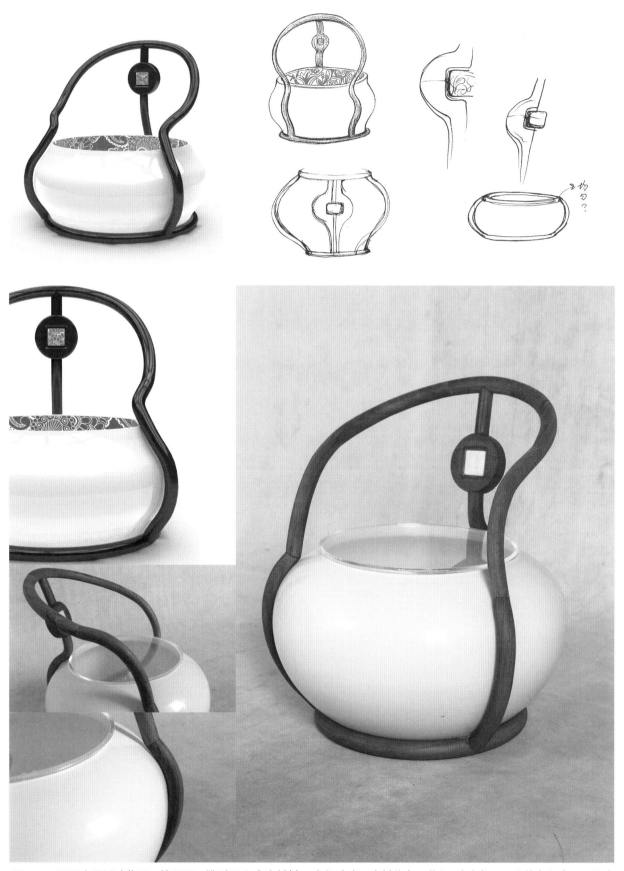

图 3-3　圆愿家具设计草图、效果图、模型图（实木材料、有机玻璃、木材热弯工艺）/ 广东轻工职业技术学院　冯婉青

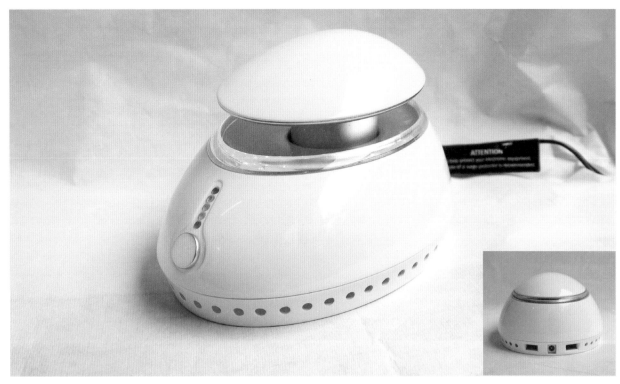

图 3-4　空气净化器模型图（ABS 塑料、CNC 加工工艺）/ 广东轻工职业技术学院　陈文强

图 3-5　灯具模型图（藤条、ABS 塑料、CNC 加工工艺）/ 广东轻工职业技术学院　许剑健

图 3–6　滑板车模型制作（ABS 塑料、CNC 加工工艺）/ 广东轻工职业技术学院　课程作业

图 3–7　绿色能源概念车模型制作（ABS 塑料、CNC 加工工艺）/ 广东轻工职业技术学院　课程作业

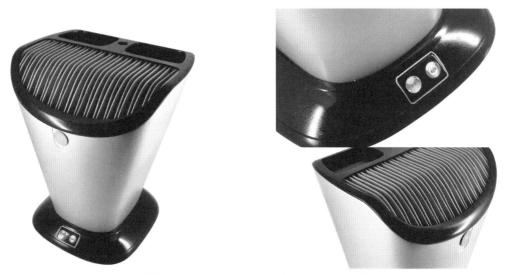

图 3–8　电暖器模型图（ABS 塑料、CNC 加工工艺）/ 广东轻工职业技术学院　课程作业

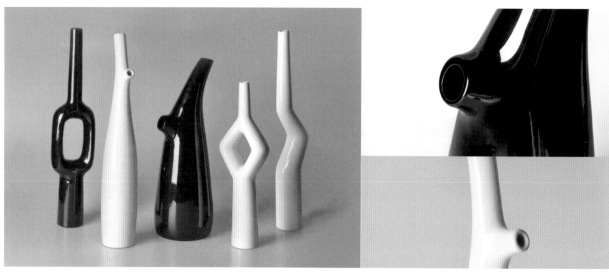

图 3-9　花瓶系列模型图（ABS 塑料、CNC 加工工艺）/ 广东轻工职业技术学院　课程作业

图 3-10　收纳凳模型图（ABS 塑料、CNC 加工工艺）/ 广东轻工职业技术学院　课程作业

图 3-11　木工锤子模型图（ABS 塑料、CNC 加工工艺）/ 广东轻工职业技术学院　课程作业

图 3-12　家具模型图（实木材料）/ 广东轻工职业技术学院　刘嘉静

图 3-13　家具模型图（实木材料、汽车轮胎）/ 广东轻工职业技术学院　麦杏银

图 3-14　灯具模型图（藤条、ABS 塑料、CNC 加工工艺）/ 广东轻工职业技术学院　叶殷伶

图 3-15　茶具模型图（实木材料、ABS 塑料、CNC 加工工艺）/ 广东轻工职业技术学院　姚本科

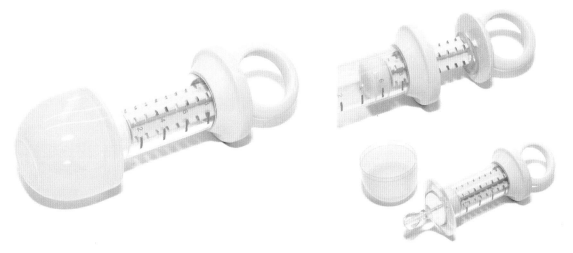

图 3-16　婴儿喂药器模型图（ABS 塑料、CNC 加工工艺）/ 广东轻工职业技术学院　课程作业

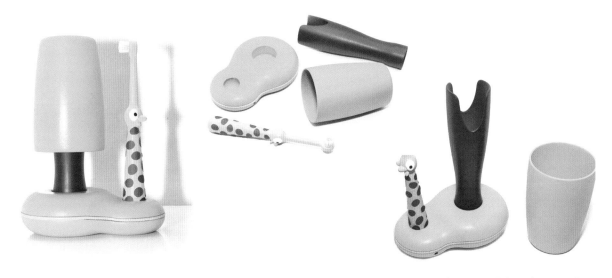

图 3-17　儿童牙刷套装模型图（ABS 塑料、CNC 加工工艺）/ 广东轻工职业技术学院　课程作业

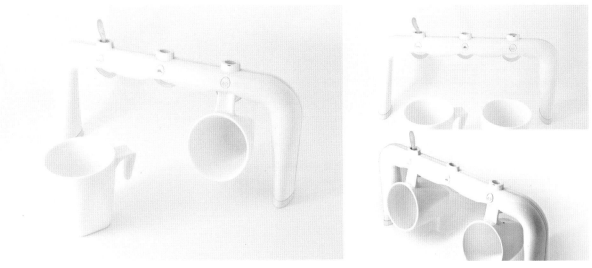

图 3-18　亲子水杯模型图（ABS 塑料、CNC 加工工艺）/ 广东轻工职业技术学院　课程作业

第二节　手板样机欣赏

本节精选了部分设计公司的优秀设计作品的模型，这些作品涵盖了小家电、儿童用品等多个领域，部分欣赏案例附上了从设计草图到效果图到模型图的设计过程，展示了产品设计到模型制作的完整流程；部分案例展示了模型效果并分析了加工材料以及制作工艺。模型多数通过数控技术制作，后期以精细的手工作为辅助，代表了当今模型制作的先进工艺与技术。（图 3–19 至图 3–32）

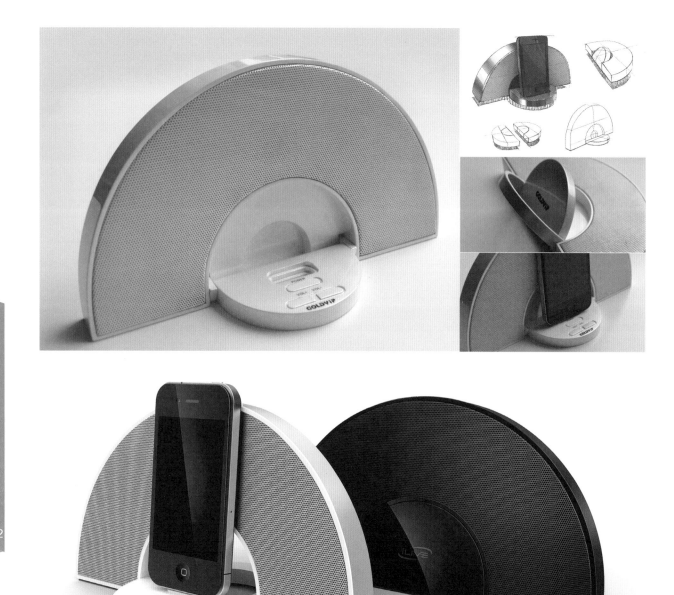

图 3–19　IPHONE 数码播放器草图、效果图、模型图 / 广州维博产品设计有限公司

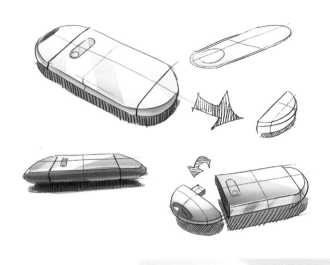

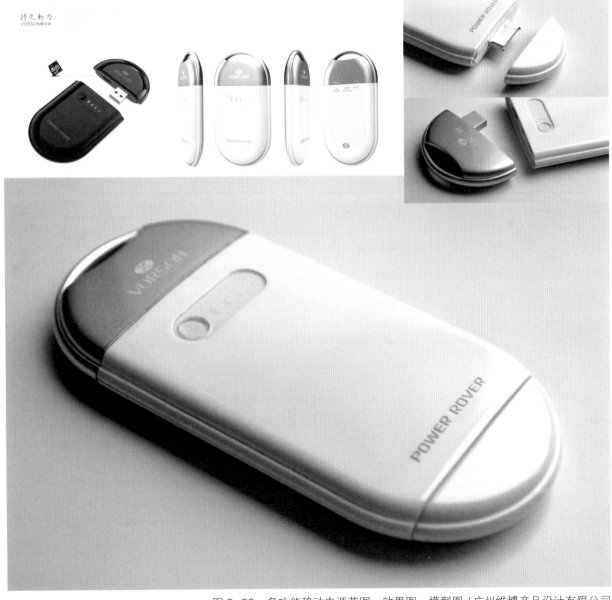

图 3-20　多功能移动电源草图、效果图、模型图 / 广州维博产品设计有限公司

图 3-21 闹钟播放器模型图 / 广州维博产品设计有限公司

图 3-22 蓝牙音箱模型图 / 广州维博产品设计有限公司

图 3-23 手提式便携 DVD 机模型图 / 广州维博产品设计有限公司

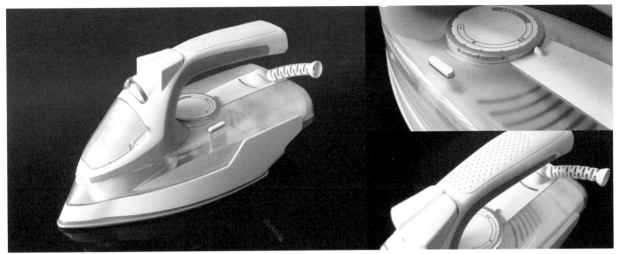

图 3-24　电熨斗模型图 / 深圳精密模型制作有限公司

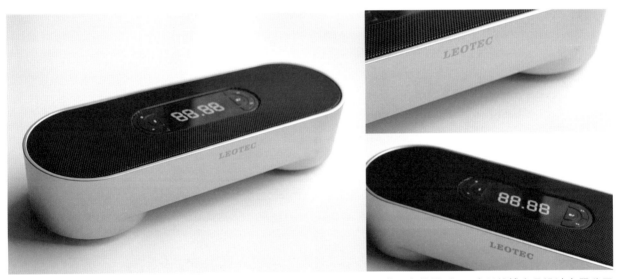

图 3-25　蓝牙音箱模型图 / 广州维博产品设计有限公司

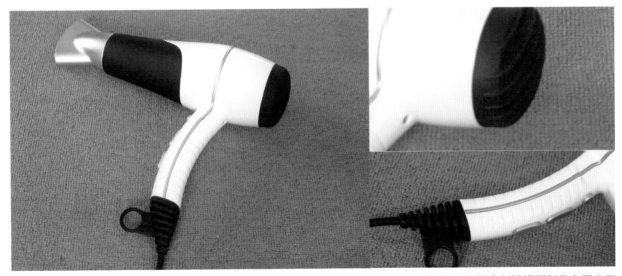

图 3-26　电吹风模型图 / 顺德龙创域模型制作有限公司

图 3-27　儿童防水相机模型图 / 深圳浪尖设计有限公司

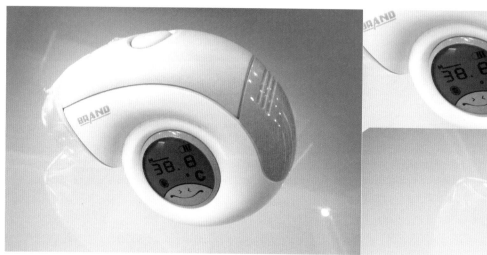
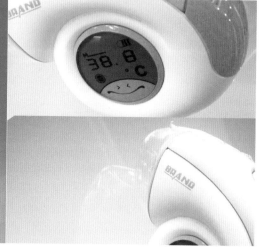

图 3-28　儿童耳温计模型图 / 深圳浪尖设计有限公司

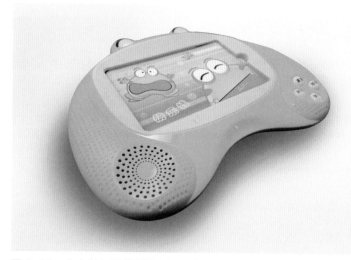
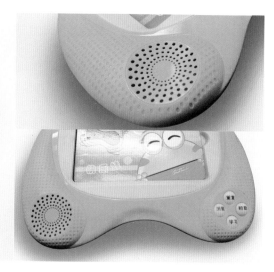

图 3-29　儿童学习机模型图 / 深圳浪尖设计有限公司

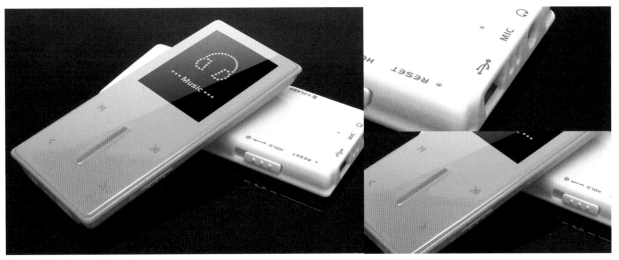

图 3-30　MP4 模型图 / 深圳朗烨阳光科技有限公司

图 3-31　电风扇底座模型图 / 佛山市形科工业设计有限公司

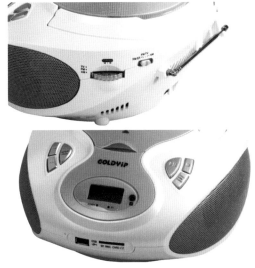

图 3-32　手提式便携 DVD 机模型图 / 广州维博产品设计有限公司

参考文献

1. 江波，王宇欣. 产品模型制作【M】. 南宁．广西美术出版社，2011

2. 高雨辰，兰玉琪. 图解产品设计模型制作（第二版）【M】. 北京．中国建筑工业出版社，2011

3. 江湘芸. 产品模型制作【M】. 北京．北京理工大学出版社，2005

4. 陈晓鹏，李翔. 模型制作实验指导书【M】. 北京．中国地质大学出版社，2011

5. 赵真. 工业设计模型制作【M】. 北京．北京理工大学出版社，2009

6. 桂元龙，杨淳. 设计解码（产品编）①【M】. 南昌．江西美术出版社，2004

7. 杨淳，桂元龙. 设计解码（产品编）②【M】. 南昌．江西美术出版社，2004

8. 桂元龙，杨淳. 产品形态设计【M】. 北京．北京理工大学出版社，2007

9. 伏波，白平. 产品设计—功能与结构【M】. 北京．北京理工大学出版社，2008